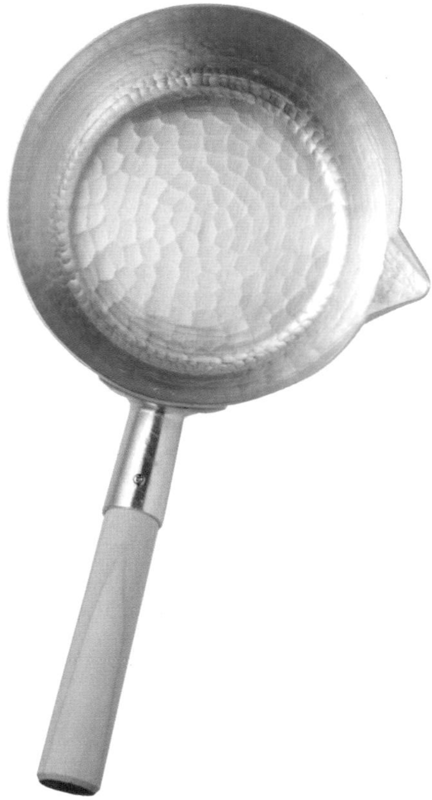

雪平鍋 無油料理

冨田ただすけの雪平鍋ひとつでラクうま和食

從煮物到甜點，一鍋搞定
77 道日本道地美食

冨田唯介◎著　游韻馨◎譯

前言

每當有人問我：「您推薦一般人在家裡用什麼鍋？」我一定會推薦雪平鍋。因為營養均衡的傳統和食是以「三菜一湯」為基礎，要製作這樣的料理，我認為「雪平鍋」是不可或缺的調理工具。

雪平鍋的特性就是輕盈、耐用，還有鍋嘴設計。雖然看似不起眼，但非常適合用來熬高湯、煮湯，迅速汆燙蔬菜即可完成一道配菜，還能放在瓦斯爐上細火慢燉，只要一個雪平鍋就能輕鬆完成所有家常料理！

在整理這本食譜的過程中，我又發現了雪平鍋的一項優點。那就是「完全不用油，健康又美味！」雪平鍋大多以汆燙、燉煮為主要烹調方式，幾乎不用油，可充分享受食材原味，製作出具有豐富層次的美味料理。無論哪個世代的人都喜歡這樣的和食，當你想為自己或家人做菜時，請務必選擇雪平鍋料理。

現在就跟我一起重新發現雪平鍋與和食的過人之處吧！

雪平鍋無油料理

contents

68 涼拌料理

什麼是雪平鍋？

雪平鍋又稱為「行平鍋」，
相傳外形源起於有鍋嘴、把手與鍋蓋設計，
適合煮單人份粥品的土鍋。
由平安時代在原行平所發明，
加上鋁製鍋身施以白雪般的加工圖案，
因此稱為「雪平鍋」。只要準備這款鍋具，
就能輕鬆快速地完成美味家常菜。

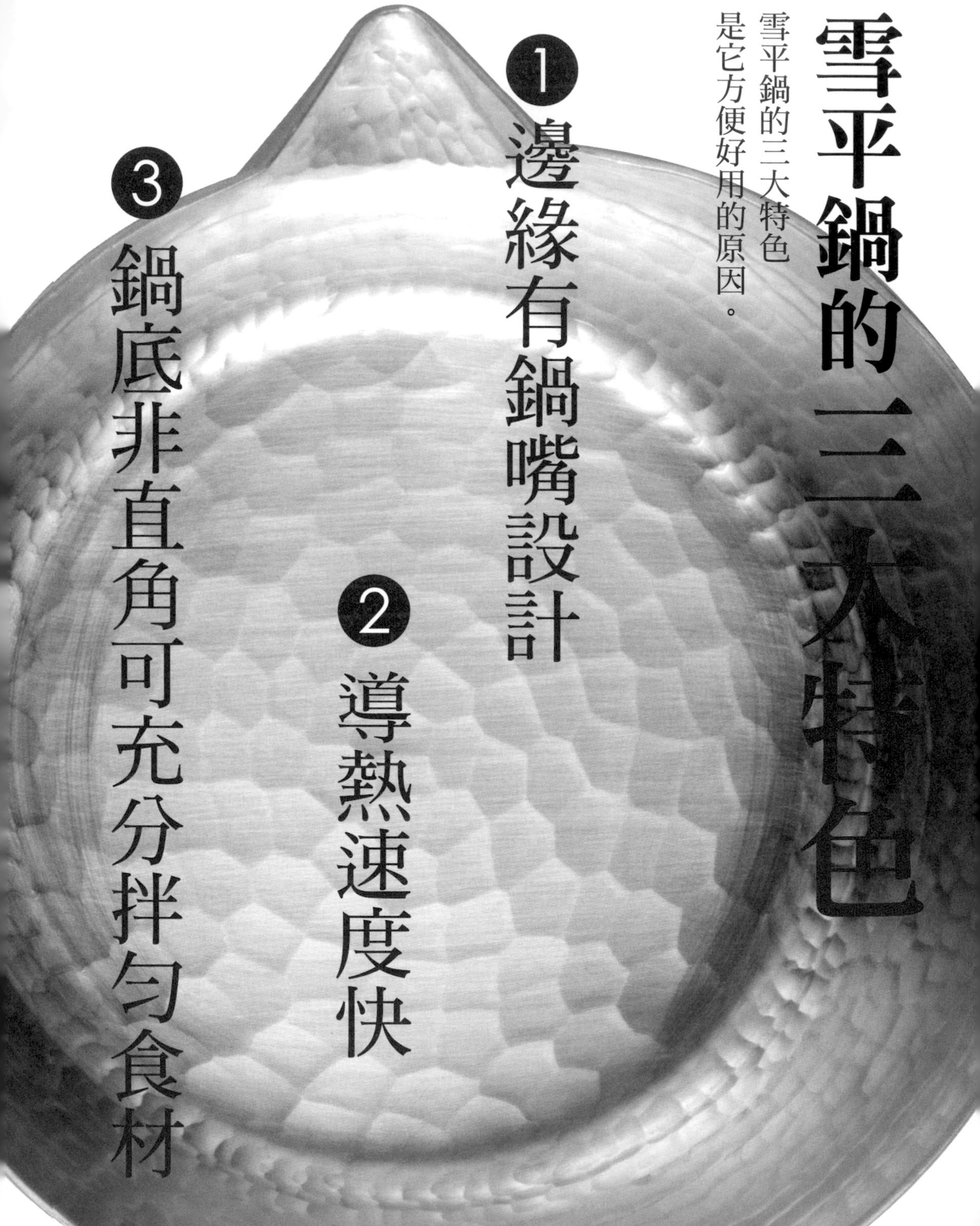

雪平鍋的三大特色

雪平鍋的三大特色
是它方便好用的原因。

❶ 邊緣有鍋嘴設計

❷ 導熱速度快

❸ 鍋底非直角可充分拌勻食材

適合烹煮具黏性、容易沾鍋燒焦的料理

方便熬煮和食常用的高湯底

一鍋搞定「水煮」、「汆燙」

適合短時間完成「燉煮料理」

可在鍋中輕鬆「搗碎」或「拌勻」食材

可整鍋放入冰水中降溫

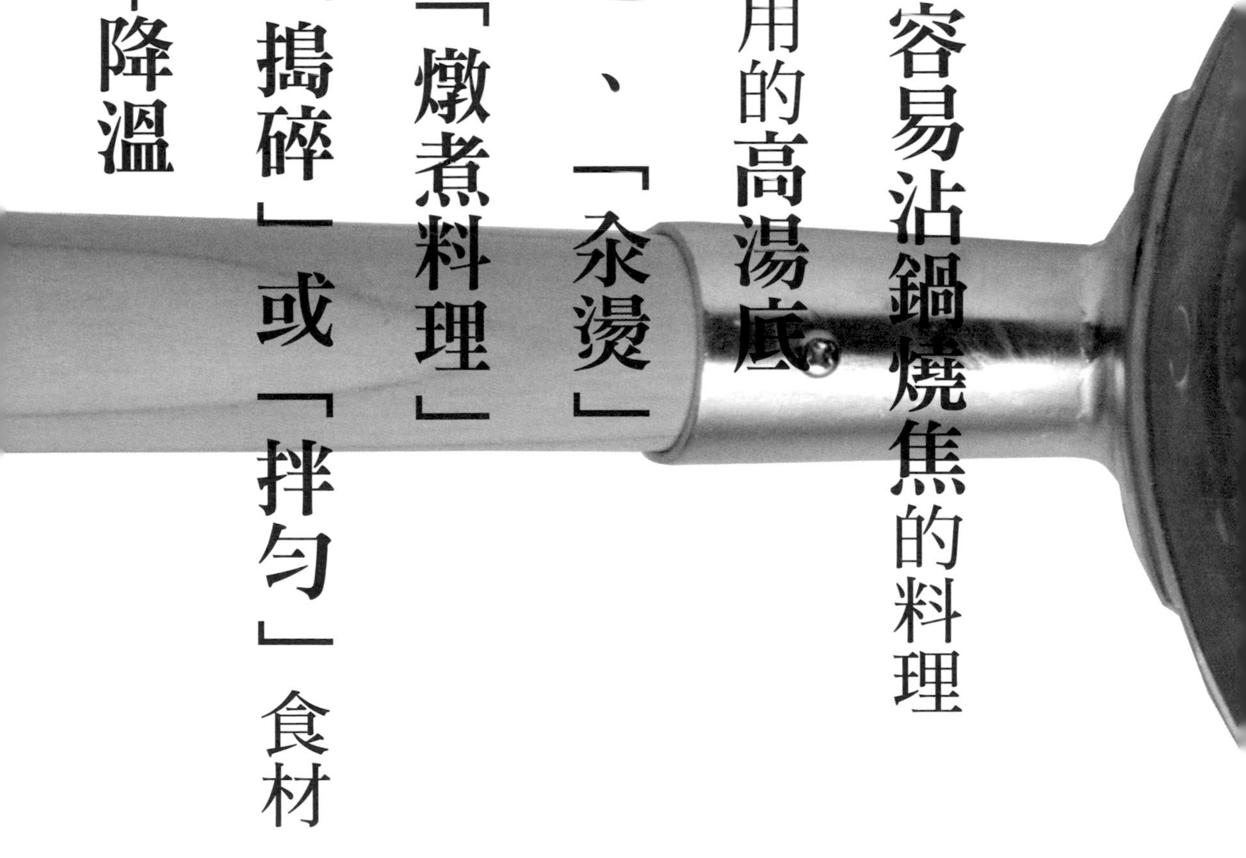

雪平鍋的選購方法

建議使用18cm分與21cm公分

我家有各種尺寸的雪平鍋，由於平時做菜以和食為主，因此雪平鍋是我調理家常菜時不可或缺的工具。其中使用頻率最高的是十八公分與二十一公分的雪平鍋。十八公分可以煮出一公升高湯，適合燙熟少量蔬菜。二十一公分是最適合製作燉煮料理的尺寸。基本上鍋具尺寸可配合家庭人數調整，不過剛開始只要各準備一個十八公分與二十一公分的雪平鍋即可。

雪平鍋以輕盈又好清洗的鋁製材質居多，市面上也有銅製和不鏽鋼製品，選購前請仔細確認各種材質的特性，再依個人喜好挑選。

鋁

鋁是雪平鍋最常見的材質，輕盈又好用，
可備齊各種尺寸的鍋具。
各廠牌的價格落差很大，若以長久使用為出發點，
建議選購品質優良的產品。

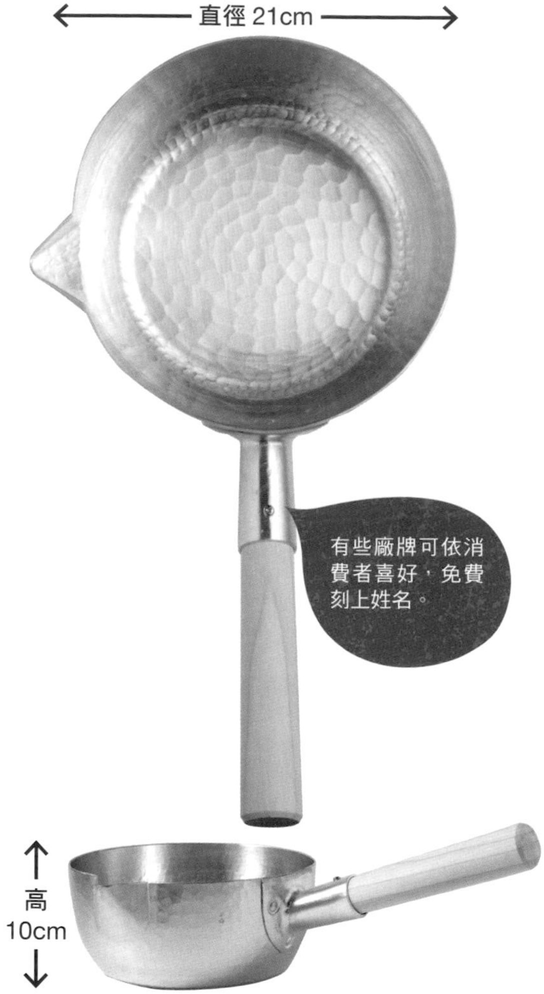
直徑 21cm
有些廠牌可依消費者喜好，免費刻上姓名。
高 10cm

大鍋嘴設計十分好用

這是京都鍛金師傅寺地茂先生製作的雪平鍋。每一個都是用鐵槌精心打造，為柔軟的鋁增加強度。此外，鐵槌敲打後可增加表面積，進一步提升導熱效果。在不斷嘗試改良之下設計出大型鍋嘴，方便倒乾湯汁。

價格 18cm 6300日圓、21cm 7900日圓
詢問處 鍛金工房 WESTSIDE33 ☎075-561-5294

不鏽鋼

雖然導熱效果不如鋁和銅，
但市面上也有不鏽鋼製雪平鍋，
耐蝕性佳、易於清洗保養，不怕酸味食材，
適合油炸，算是好用的萬能鍋具。

直徑 20cm

把手使用不怕水且耐用的柚木材質。

高 8cm

全方位的萬能鍋具

小泉誠設計的「ambai雪平鍋」採用不鏽鋼和鋁的三層構造，易於清洗保養，導熱效果也不錯。一般雪平鍋不適合烹煮酸味料理或油炸食物，這款鍋具完全沒問題，而且味道不會沾附在鍋具上，亦可當牛奶鍋使用。共有14、16、18、20cm，以及符合鍋具大小的落蓋。

價格 18cm 9180日圓、20cm 10260日圓
詢問處 小泉道具店 ☎042-574-1464

銅

銅的導熱速度僅次於銀，
自古經常用來製作高級鍋具。
由於重量比鋁重，
建議選擇小尺寸。

直徑 18cm

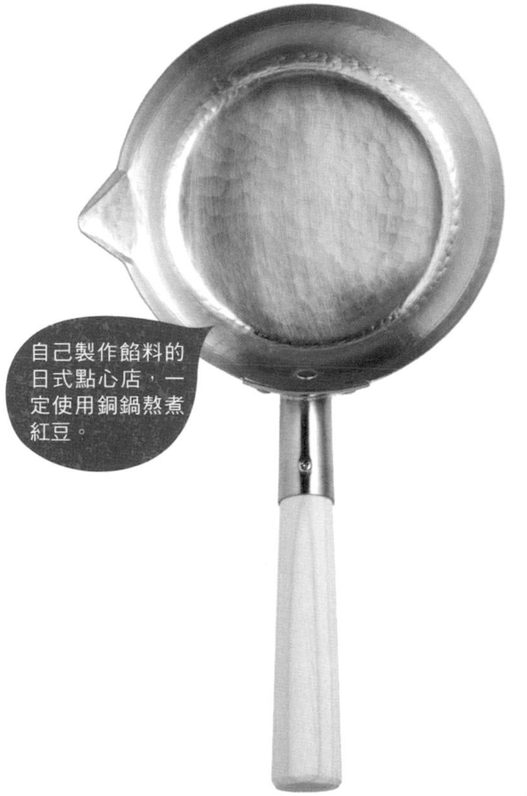
自己製作餡料的日式點心店，一定使用銅鍋熬煮紅豆。

高 8cm

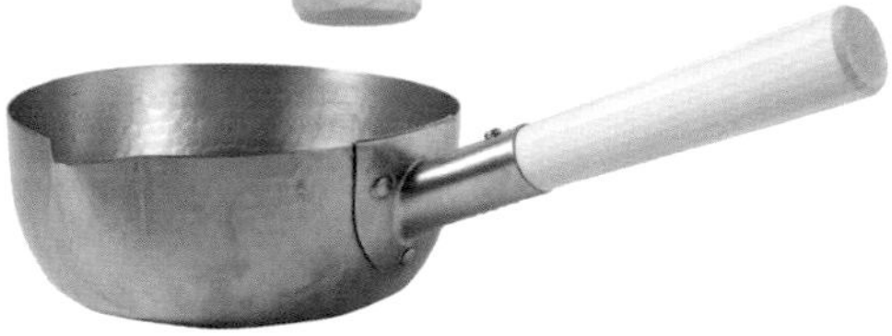

導熱效率高，顏色又漂亮

這是鍛金師傅親手製造的銅製雪平鍋。形狀和鋁鍋相同，方便倒湯的鍋嘴也很實用。鍋子內部使用錫，避免變色。不只導熱效果好，更具有高度保溫性，很適合燉煮食物。銅鍋用久了會變色，只要用醋刷洗就能晶亮如新。日常清洗時使用清潔劑輕輕刷洗即可。

價格 15cm 12100日圓、18cm 14800日圓
詢問處 鍛金工房 WESTSIDE33 ☎075-561-5294

雪平鍋的使用方法

開鍋

雪平鍋買回家之後，
使用前請先加入洗米水煮沸。
可在鋁的表面形成皮膜，預防變色。

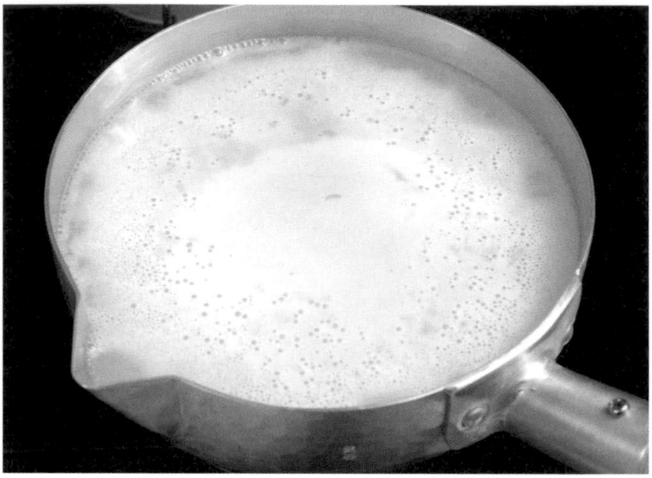

在鍋中加入洗米水煮沸

倒入洗米水，開中火煮沸後，轉小火慢慢煮5分鐘。關火後靜置一會兒，等洗米水放涼後，用清水迅速沖洗。

日常保養

平時使用清潔劑與海綿清洗即可。
鍋具變黑或不小心燒焦時，
則以尼龍纖維菜瓜布刷去污垢。

鋁製雪平鍋的表面未經過任何加工處理，烹煮加了醋的酸味料理時容易變色，應避免以鍋子長時間盛裝酸味料理。

使用工具

尼龍纖維菜瓜布

使用剪刀即可輕鬆剪開尼龍纖維菜瓜布，依需求剪成適當大小。

After

亦可清除累積在鍋底的沉澱物質，在形成污垢之前請務必定期刷洗。不過，刷洗會刮起金屬微粒，千萬不可在調理食物前刷洗。

Before

長期使用而變黑或沾附污垢時，只要以尼龍纖維菜瓜布刷洗即可輕鬆洗淨。

【 雪平鍋的最佳拍檔 】

落蓋

落蓋是調理和食不可或缺的工具

使用雪平鍋烹煮料理時，一定要使用落蓋。落蓋是雪平鍋的最佳拍擋，我甚至認為落蓋是專為雪平鍋發明的。為了充分發揮食材美味，日式煮物有許多短時間內燉煮，使用少量湯汁的料理。此時就要以落蓋直接覆蓋在食材上烹煮。如此一來，無須使用大量湯汁也能讓食材均勻吸附湯汁，同時入味。

許多人會用鋁箔紙取代落蓋，但我還是建議各位準備一個有重量、可重複使用的木製落蓋。使用前先泡水浸濕，使用後徹底風乾即可延長使用壽命。我家裡有各種尺寸的落蓋，搭配不同大小的雪平鍋使用。將較大的落蓋放在小鍋子上，就能當一般鍋蓋使用。

煮高湯

雪平鍋的基本用法

高湯是和食的基礎
雪平鍋是最適合煮高湯的工具

我曾在日本料理店當過壽司師傅，每次都用雪平鍋煮高湯。由於煮高湯時一定要「過濾」，重量輕盈又有鍋嘴設計的雪平鍋最好用。高湯也是本食譜經常用到的材料，例如以高湯燉煮食材，或將食材浸泡在高湯中，無須加肉或添油也能烹煮出美味家常菜。換句話說，只要使用高湯，一定能夠調理出健康料理。

可能很多讀者認為「煮高湯很麻煩」，事實上我家每週煮兩次高湯，一次多準備一點即可省下許多麻煩。最重要的是，自己煮的高湯可讓料理更美味，調理出來的成果絕對會讓你感到值得。話說回來，有時難免會遇到工作忙碌的情形，平時不妨先做一點高湯包備用，沒時間煮高湯時，就能立刻派上用場。不僅可輕鬆完成湯底，還能依個人喜好變化高湯味道。由於下廚做菜是每天都要的事，選擇輕鬆省事的方法才能長久維持下去。

柴魚高湯

柴魚高湯只使用柴魚片與昆布製成，是最基本的日式高湯。本食譜材料表中標示的「高湯」皆為柴魚高湯。柴魚高湯可冷藏保存兩到三天，一次多做一點較為省事。

材料
- 水⋯⋯1ℓ
- 柴魚片⋯⋯10g（分量約為水的1%）
- 昆布⋯⋯10g（分量約為水的1%）

在熟練作法之前，請務必以秤精準秤出用量。

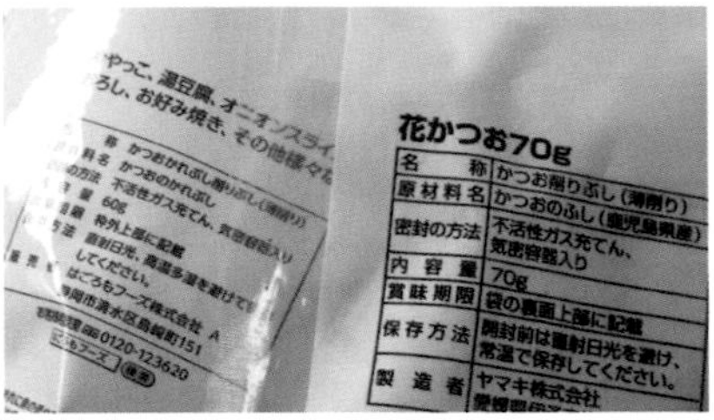

「鰹節」與「枯節」

柴魚片的原料有兩種，分別是「鰹節」與「枯節」。「枯節」是由經過發霉處理的鰹節乾燥製成，風味溫和，品質較高。可視料理需求分開使用或混合使用。

❶ 昆布泡水三十分鐘至半天。充分泡開後，開小火慢慢熬煮。

沒有時間泡水時，請以極小火長時間熬煮。

❷ 煮至冒出熱氣，昆布周圍產生微小泡泡即可。請注意不可煮至沸騰。

❸ 以手指輕輕按壓昆布，昆布變軟即可。

煮到這一步就試試味道，久而久之即可從味道判斷是否煮好了。

❹ 拿掉昆布，開大火煮沸。

❺ 關火，放入柴魚片。

❻ 開火續煮，開始冒泡泡後轉小火，撈掉浮泡。煮湯用的高湯只需再煮一分鐘，若要做菜用則多煮三分鐘。

❼ 關火，在濾網中鋪一張廚房紙巾，仔細過濾。

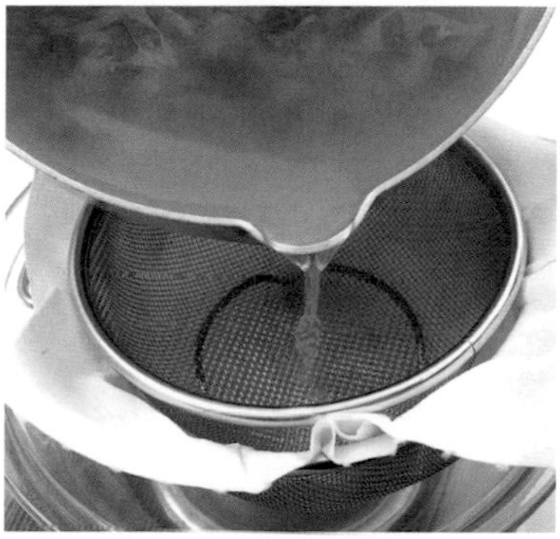

❽ 高湯若參雜柴魚碎屑會殘留雜味，絕對不可以用擰的方式擠出高湯。

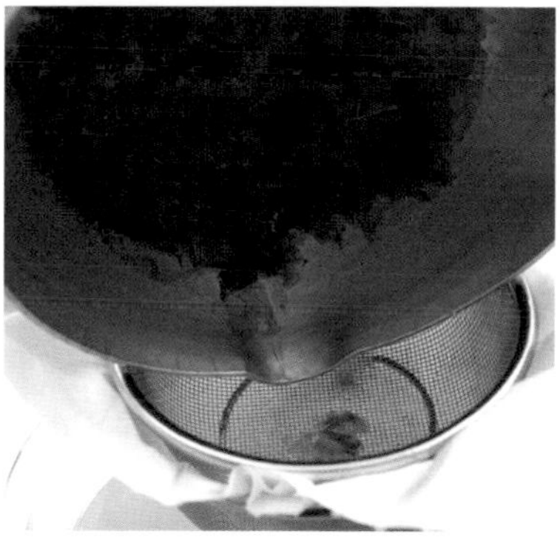

❾ 若想延長保存期限，可將濾好的高湯立刻隔水降溫。

小魚乾高湯

小魚乾高湯是煮味噌湯的必備材料。為各位介紹過程簡單又能做出鮮美湯底的冷泡方法，不妨多加嘗試。

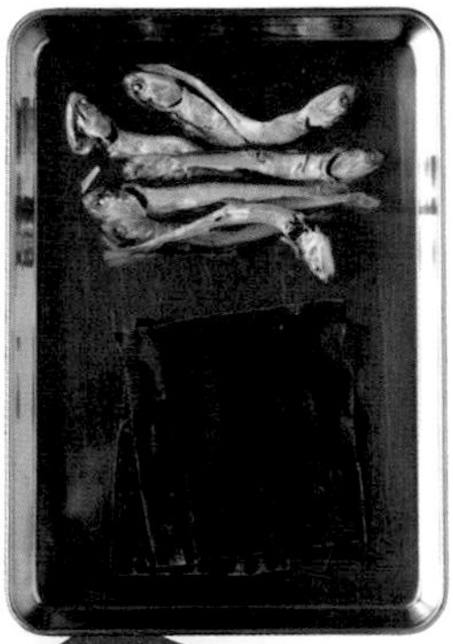

冷泡時無須去除頭部與內臟。

材料

- 水…1ℓ
- 小魚乾…10g（分量約為水的1％）
- 昆布…10g（分量約為水的1％）

❶ 將小魚乾和昆布泡在水裡，放入冷藏室浸泡半天到一晚。

❷ 剩餘材料可再泡第二次，或做成其他料理。

使用小魚乾高湯的料理

- 小魚乾涼拌油菜..............P63
- 微辣豆腐泡菜湯...........P102
- 豬肉泡菜鍋...................P129
- 沙丁魚丸子鍋...............P132

高湯包

不要將工作忙碌當成不煮高湯的藉口，這個時候不妨善用「高湯包」！自己做的高湯包，美味不輸給慢慢熬煮的高湯。

小魚乾

請先去除頭部與內臟。亦可使用事先處理好的市售「便利小魚乾」。

乾香菇

建議不要使用切片產品，使用整朵乾香菇風味更佳。

昆布

建議使用日高昆布以外的昆布，例如利尻、羅臼、真昆布等。

柴魚厚片

由於要磨碎使用，因此選擇不容易煮出雜味的柴魚厚片。

材料

將材料放入研磨機中絞碎，請勿磨至粉狀，研磨至照片般的顆粒大小，才能做出美味高湯包。可依照高湯包數量決定研磨分量。

味噌湯用（單包）

（以1ℓ的水為基本用量）

- 昆布…7g
- 柴魚厚片…7g
- 小魚乾…7g

料理用（單包）

（以1ℓ的水為基本用量）

- 昆布…7g
- 柴魚厚片…12g
- 乾香菇…1g

作法

使用超市販售的茶包袋製作高湯包。不妨一次做多一點，將做好的高湯包放入冷凍用夾鍊袋中，即可冷凍保存。

❶ 以廚房秤精準測量每種材料的分量，放入茶包袋裡。

❷ 將高湯放入保鮮盒或夾鏈袋中冷凍保存，需要時直接拿出來用。

高湯煮法

親手製作高湯包可節省昆布泡水的時間、削柴魚節的步驟，以及購買高級高湯包的錢，讓你每天都能輕鬆煮高湯。

❶ 在鍋中倒入1ℓ的水煮沸，放入一包高湯包。

❷ 轉小火煮10～15分鐘，取出高湯包。

包的美味用法

近年來商品種類愈來愈豐富，請務必了解各種產品的特色，烹煮出不同的美味料理。

【Tumugiya 鰹魚懷石高湯】

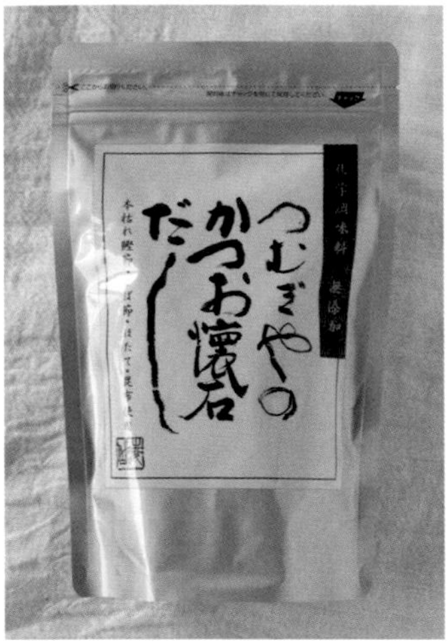

結合本枯節與干貝鮮味 日產無添加五種原料

將五種原料磨成粉末，鎖住豐富鮮味的高湯。枯節帶出鰹魚特有的溫潤香氣，干貝則為高湯增添誘人風味，調和出恰到好處的美味。

價格 1231日圓（7g×20包）
原料 鰹魚本枯節、鰹魚荒節、昆布、鯖魚節、干貝
詢問處 Tumugiya ☎0120-888-555

推薦食譜 » 52

蘿蔔乾煮物

帶有強烈風味的柴魚片，最適合調理可凸顯食材美味的燉煮和涼拌料理。拿來煮蘿蔔乾或做滑蛋料理，美味一絕！

【海生堂 高湯包】

來自昆布專賣店 使用嚴選材料的溫和高湯

海生堂是昆布專賣店。以昆布鮮味為基底，搭配柴魚片熬煮而成的高湯，只使用枯節和羅臼昆布，雖然材料很簡單卻能熬製出口感溫和且層次豐富的味道。

價格 710日圓（8g×8包）
原料 鰹魚枯節（日本產）、天然羅臼昆布（北海道羅臼產）
詢問處 奧井海生堂 ☎0120-520-091

推薦食譜 » 60

青煮甜豌豆與蠶豆

最適合用於凸顯食材原味的湯品與涼拌菜，煮清湯或燙青菜，可充分享受溫和的層次風味。

【茅乃舍 極高湯】

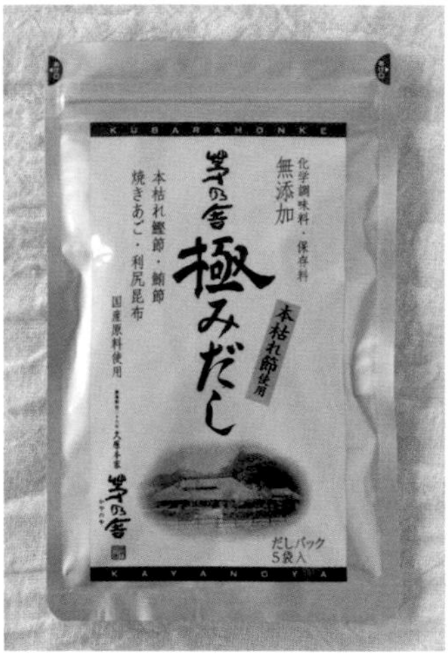

發揮食材精髓 澄澈透明的鮮味高湯

「極高湯」是「茅乃舍高湯」系列推出的新產品。使用鮪節（鮪魚柴魚片）、鰹魚本枯節（柴魚片加工製程）等材料，帶有高雅澄澈的鮮美味道。可充分享受本枯節特有的豐富香氣。

價格 648日圓（8g×5包）
原料 風味原料（鰹節、小魚乾萃取精華[沙丁魚]、鮪節、烤魚下巴、昆布）、澱粉分解物、酵母精華、發酵調味料（部分原料含有小麥與大豆）
詢問處 久原本家 ☎0120-014-555

推薦食譜 » 126

關東煮

強烈鮮味適合烹煮火鍋與燉煮料理，增添食材美味。最適合煮關東煮。

市售高湯

想進一步簡化煮高湯的步驟，可使用市售高湯包。

【潮之寶】

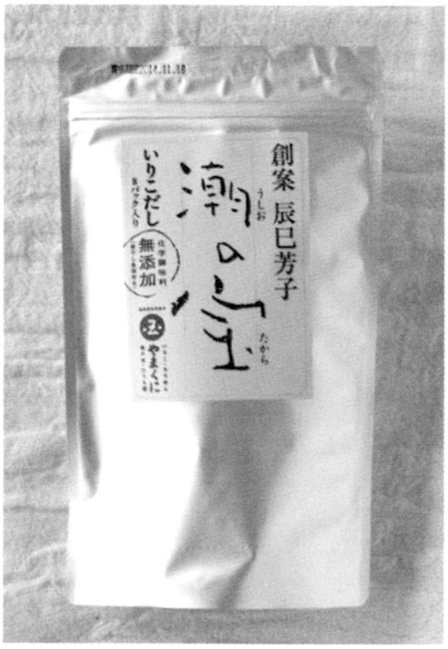

多加一道工夫的 小魚乾高湯

去除小魚乾內臟後才仔細熬煮，因此完全沒有腥味，添加少許香菇，調和整體風味，喝起來十分順口。無須搭配昆布，單獨使用也很夠味。

價格 1296日圓（10g×8包）
原料 日本鯷（香川縣）、香菇（德島縣）、食鹽
詢問處 YAMAKUNI ☎0875-25-3165

推薦食譜 128

豬肉泡菜鍋

小魚乾的風味十分濃郁，適合烹煮味道強烈的湯品或火鍋，有助於消除腥味。做成豬肉泡菜鍋，口味堪稱一絕。

【高湯包 Jin（綠）】

以和為貴 味道溫潤的蔬菜高湯

不大量使用辛香植物，以黃豆、昆布、香菇等溫和鮮味為基底的蔬菜高湯。紅蘿蔔、高麗菜與洋蔥只為高湯增添風味，不搶走整體風采，味道十分溫潤。

價格 1188日圓（5g×18包）
原料 黃豆、昆布、紅蘿蔔、高麗菜、香菇、洋蔥
詢問處 UNE乃 ☎0120-821-218

推薦食譜 136

清爽番茄培根粥

與其他蔬菜或食材一起烹煮的雜菜粥或西式雜燴粥，可以充分享受純蔬菜的溫和風味，不妨嘗試看看。

【Taiko 高湯包 這就是高湯】

柴魚片老店始祖 東京老鋪的高湯包

以絕妙比例混合沙丁魚、鯖魚、柴魚片、昆布、香菇等五種原料的高湯包，高雅地凸顯出每一種原料的鮮味。在優質柴魚片批發商林立的日本橋一帶，Taiko是歷史最悠久的柴魚片專賣店。

價格 486日圓（8g×10包）
原料 沙丁魚、鯖魚、柴魚片、昆布、香菇
詢問處 Taiko有限公司 ☎03-3533-4834

推薦食譜 113

豆腐高麗菜海帶芽味噌湯

最適合煮湯或涼拌，搭配料理亦可凸顯食材原味。簡單的味噌湯也能變身成獨樹一格的家傳料理。

簡單又美味的和食食譜

依料理種類介紹可發揮雪平鍋特性的和食料理。

燉煮料理

P30

涼拌料理

P68

湯料理
P100
鍋類料理
P124
甜點
P140

本書的使用方法

請先參考本食譜的使用方法和參閱方式。

依料理種類分類

依和食的料理種類分類。

卷末（P154）還有食材別索引，不妨搭配參考。

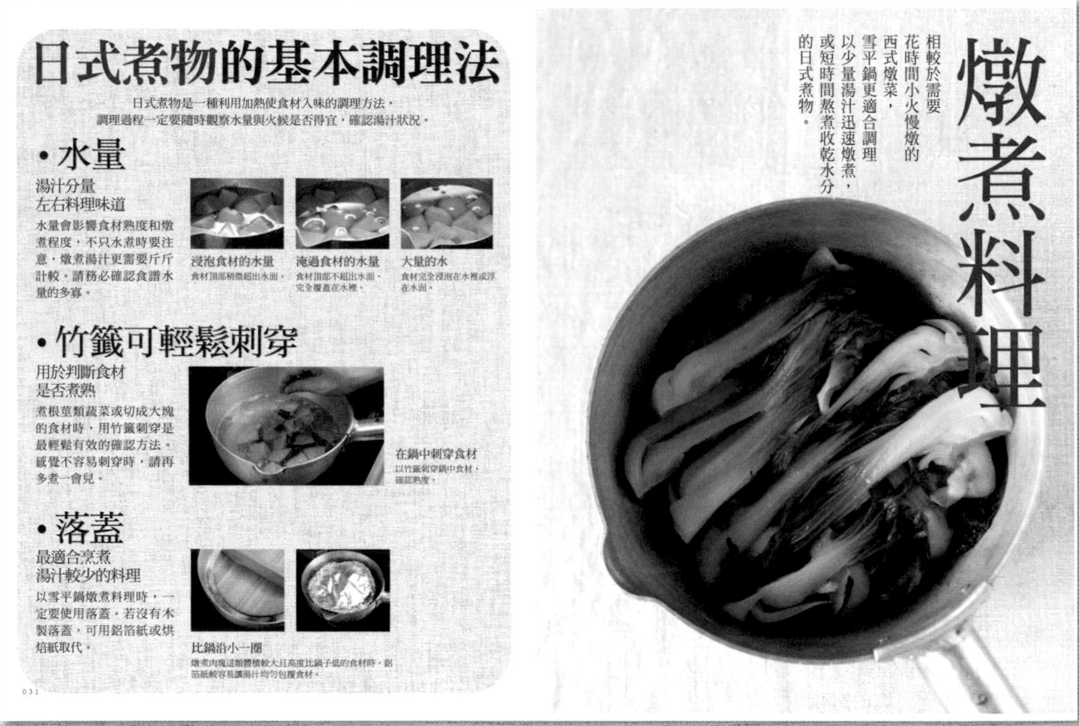

日式煮物的基本調理法

日式煮物是一種利用加熱使食材入味的調理方法，
調理過程一定要隨時觀察水量與火候是否得宜，確認湯汁狀況。

• 水量

湯汁分量
左右料理味道

水量會影響食材熟度和燉煮程度，不只水煮時要注意，燉煮湯汁更需要斤斤計較。請務必確認食譜水量的多寡。

浸泡食材的水量
食材頂部稍微超出水面。

淹過食材的水量
食材頂部不超出水面，完全覆蓋在水裡。

大量的水
食材完全浸泡在水裡或浮在水面。

• 竹籤可輕鬆刺穿

用於判斷食材
是否煮熟

煮根莖類蔬菜或切成大塊的食材時，用竹籤刺穿是最輕鬆有效的確認方法。感覺不容易刺穿時，請再多煮一會兒。

在鍋中刺穿食材
以竹籤刺穿鍋中食材，確認熟度。

• 落蓋

最適合烹煮
湯汁較少的料理

以雪平鍋燉煮料理時，一定要使用落蓋。若沒有木製落蓋，可用鋁箔紙或烘焙紙取代。

比鍋沿小一圈
燉煮肉塊這類體積較大且高度比鍋子低的食材時，鋁箔紙較容易讓湯汁均勻包覆食材。

031

燉煮料理

相較於需要花時間小火慢燉的西式燉菜，雪平鍋更適合調理以少量湯汁迅速燉煮，或短時間熬煮收乾水分的日式煮物。

各類料理的基本調理法

於各類料理的第一頁介紹基本調理法，請在實際烹煮之前仔細參閱。

- 1大匙為15ml。1小匙為5ml。
- 一杯為180ml。
- 標示「高湯」者，皆為以柴魚片和昆布煮成的柴魚高湯（請參照P18）。
- 調理加熱時間僅供參考。請配合食材大小和瓦斯爐火力，視料理狀況調整。

雪平鍋特性

跨頁介紹的食譜都有一個「雪平Point」小專欄，附帶說明使用雪平鍋的好處與重點。

材料

基本上為兩人份。剛開始請依食譜分量製作。

食譜特色

以簡單一句話介紹該道料理的特色與味道重點。

以雪平鍋做燉煮料理

燉紅目鰱

這道是煮魚的經典菜。
不要煮太老，煮至魚肉膨脹飽滿即可。

材料（2人分）
- 紅目鰱切片…2片
- 薑…1塊
- 青蔥…2～3根

A
水…6大匙
酒…6大匙
醬油…2大匙
味醂…2大匙
砂糖…1大匙

雪平Point
傳統燉煮是要讓食材充分吸附湯汁，但這道料理的重點不在入味，而是讓魚肉膨脹飽滿。

作法

1. 在魚皮上劃一道刀痕。薑切成薄片、青蔥切成4～5cm長段。
2. 將A與薑放入鍋中，開中火煮沸，魚皮朝上放入，蓋上落蓋。調整火候，讓湯汁在鍋邊冒出泡泡，燉煮5分鐘。
3. 拿起落蓋，青蔥放滿縫隙，煮2～3分鐘，使食材熟透。
4. 將食材連同大量湯汁盛入深盤，吃的時候將湯汁淋在魚片上。

將魚放入滾燙湯汁裡，魚片不可重疊。

落蓋會使湯汁均勻覆蓋魚片，因此無須翻面。

033 032

作法

詳盡介紹食材切法和製作步驟。即使是步驟較多的料理，實做之後也會覺得簡單，不妨輕鬆嘗試。

作法重點

以色塊標出製作步驟的重點，並以照片清楚解說。

美味烹調的重點

為各位介紹調理和食的基本重點，以及本食譜經常出現的牛蒡削法。

• 測量調味料用量

測量用量是料理的基礎。
剛開始請完全按照食譜用量，
徹底記住基本味道。

以量匙測量

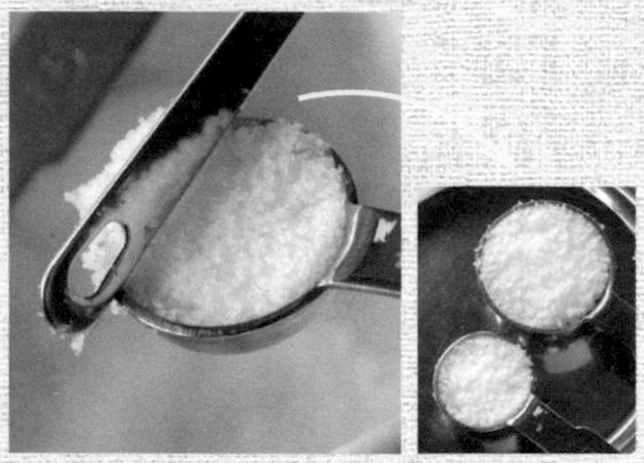

撥掉多餘用量

先撈起較多調味料，再用另一個湯匙的柄撥平量匙。

撥平後切一半即為1/2匙

標示為1/2小匙者，先量一平匙，再撥掉一半。

味噌要填滿空隙

以湯匙輕輕按壓後撥平量匙。

液體調味料要倒滿

液體調味料倒到快要滿出來為止。

以手指測量

1撮

以食指、中指和無名指捏起來的分量即為「1撮」。

少許

以食指與大拇指捏起來的分量，比1撮還少。

・火候

火候依爐具和鍋具種類而異，此處介紹的火焰大小僅供參考。
請隨時觀察鍋中狀況調整。

強火

火焰剛好包覆鍋底。

中火

火焰剛好接觸到鍋底。

小火

火焰不直接接觸鍋底。

・薑

本食譜經常使用薑，不只當佐料，也用於增添風味。

一塊為拇指大小

一塊薑的分量約為大拇指第一節的大小，重量為十公克左右。

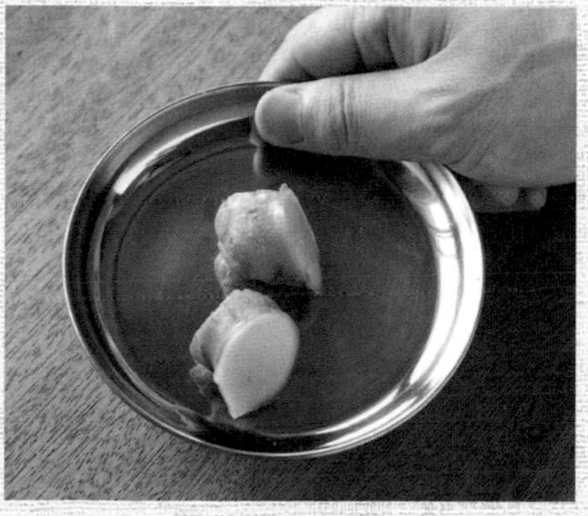

薑汁

先將薑磨成泥再擠出薑汁。

・牛蒡削法

本食譜介紹了幾道使用牛蒡的料理，
只要參考以下方法就能削出大小均一的牛蒡絲。

先劃上幾條放射狀刀痕

牛蒡絲的削法沒有固定方式，不過，只要事先劃上6條（粗一點的牛蒡可切8條）放射狀刀痕，就能削出大小均一的牛蒡絲。

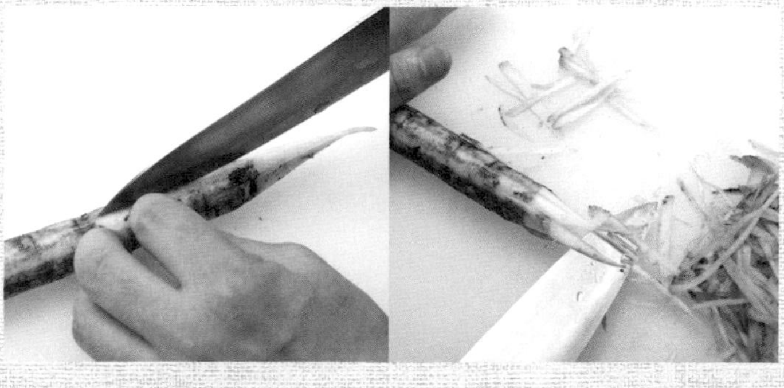

以菜刀切出深2～3mm、長10cm左右的放射狀刀痕，一邊轉動牛蒡一邊切絲。不斷重複這個動作即可。

燉煮料理

相較於需要花時間小火慢燉的西式燉菜，雪平鍋更適合調理以少量湯汁迅速燉煮，或短時間熬煮收乾水分的日式煮物。

日式煮物的基本調理法

日式煮物是一種利用加熱使食材入味的調理方法，
調理過程一定要隨時觀察水量與火候是否得宜，確認湯汁狀況。

・水量

湯汁分量 左右料理味道

水量會影響食材熟度和燉煮程度，不只水煮時要注意，燉煮湯汁更需要斤斤計較。請務必確認食譜水量的多寡。

浸泡食材的水量
食材頂部稍微超出水面。

淹過食材的水量
食材頂部不超出水面，完全覆蓋在水裡。

大量的水
食材完全浸泡在水裡或浮在水面。

・竹籤可輕鬆刺穿

用於判斷食材 是否煮熟

煮根莖類蔬菜或切成大塊的食材時，用竹籤刺穿是最輕鬆有效的確認方法。感覺不容易刺穿時，請再多煮一會兒。

在鍋中刺穿食材
以竹籤刺穿鍋中食材，確認熟度。

・落蓋

最適合烹煮 湯汁較少的料理

以雪平鍋燉煮料理時，一定要使用落蓋。若沒有木製落蓋，可用鋁箔紙或烘焙紙取代。

比鍋沿小一圈
燉煮肉塊這類體積較大且高度比鍋子低的食材時，鋁箔紙較容易讓湯汁均勻包覆食材。

燉紅目鰱

這道是煮魚的經典菜。
不要煮太老，煮至魚肉膨脹飽滿即可。

材料（2人分）

- 紅目鰱切片……2片
- 薑……1塊
- 青蔥……2～3根

A

水……6大匙
酒……6大匙
醬油……2大匙
味醂……2大匙
砂糖……1大匙

雪平 Point

傳統燉煮是要讓食材充分吸附湯汁，但這道料理的重點不在入味，而是讓魚肉膨脹飽滿。

作法

1. 在魚皮上劃一道刀痕。薑切成薄片、青蔥切成4～5cm長段。

2. 將**A**與薑放入鍋中，開中火煮沸，魚皮朝上放入，蓋上落蓋。調整火候，讓湯汁在鍋邊冒出泡泡，燉煮5分鐘。

將魚放入滾燙湯汁裡，魚片不可重疊。

3. 拿起落蓋，青蔥放滿縫隙，煮2～3分鐘，使食材熟透。

落蓋會使湯汁均勻覆蓋魚片，因此無須翻面。

4. 將食材連同大量湯汁盛入深盤，吃的時候將湯汁淋在魚片上。

梅煮沙丁魚

與醃梅乾一起燉煮
可以去除沙丁魚的腥味，提升煮物質感。

材料（2人分）

- 沙丁魚⋯4隻
- 醃梅乾⋯2顆
- 薑⋯1塊

A
- 水⋯100㎖
- 醬油⋯2大匙
- 酒⋯2大匙
- 砂糖⋯1½大匙
- 醋⋯1大匙

雪平 Point

蓋上落蓋就無須翻魚，少量湯汁也能均勻燉煮。

作法

① 參考P64的沙丁魚清理法，薑切細絲。

② 在鍋中放入沙丁魚、醃梅乾與A，開火煮沸後撈掉浮泡。蓋上落蓋煮5分鐘。

③ 拿起落蓋煮10分鐘，煮至湯汁稍微變稠，以繞圈方式在沙丁魚表面淋上湯汁，繼續燉煮。

④ 將沙丁魚連同醃梅乾與湯汁盛入深盤，放上薑絲。

以湯匙舀起湯汁，不斷淋在魚上。

褐色泡泡就是浮泡，大致撈取即可。

調整火候，讓鍋邊冒出沸騰的湯汁。

芋頭煮花枝

圓圓小小的里芋會吸附花枝和高湯鮮味，是一道十分下飯的料理。

材料（2人分）

・花枝⋯1隻
・里芋⋯300g
・高湯⋯300mℓ

A
酒⋯3大匙
醬油⋯1½大匙
味醂⋯1½大匙
砂糖⋯1½大匙

作法

1. 參考P66的花枝清理法，軀幹部分帶皮切成1cm寬圈狀，觸鬚部分切成容易入口的大小。芋頭洗淨去皮，體積較大者切成一半。
2. 將芋頭和高湯放入鍋中，開中火煮沸後蓋上落蓋，調整火候，讓鍋邊冒出沸騰的湯汁。煮至竹籤可以輕鬆刺穿芋頭為止。
3. 拿起落蓋，放入花枝與A，撈掉浮泡。讓湯汁維持冒泡滾燙的狀態，燉煮15分鐘。

請務必耐心燉煮，稍微收乾湯汁，煮至圖片狀態即可關火。

雪平 Point

芋頭無須事先煮過，以高湯直接燉煮，使其入味。

一起燉煮的牛蒡和白蔥也能熬出美味高湯。

煮鯖魚

材料（2人分）

- 鯖魚⋯2片
- 薑⋯2塊
- 牛蒡⋯⅓根（50g）
- 白蔥⋯½根

A

水⋯6大匙
酒⋯6大匙
醬油⋯2大匙
味醂⋯2大匙
砂糖⋯2大匙

作法

1. 在鯖魚皮上劃兩道淺淺的斜刀痕，以1/4小匙鹽（額外分量）均勻灑在魚片上，醃15分鐘。醃好後放入調理碗，倒入熱水。放在水龍頭下清洗，洗掉黏液與血水，瀝乾水分。
2. 以刀背輕輕削掉牛蒡皮，直切成4～6等分，再切成容易入口的寬度。將切好的牛蒡段泡在水裡去澀，瀝乾水分備用。白蔥切成4～5cm，一塊薑切成薄片，另一塊切細絲。
3. 在鍋中放入A與薑薄片，開中火煮沸，將❶的魚皮朝上並排放入，在縫隙放入牛蒡與白蔥。蓋上落蓋煮7～8分鐘。
4. 拿起落蓋，續煮7～8分鐘，連同湯汁盛入深盤，放上薑絲點綴。

倒入熱水後靜置
一會兒，等魚鰭
立起即可。

蛤蜊、紅蘿蔔、金針菇加上青菜，搭配出分量十足的酒蒸料理。

什錦蔬菜蒸蛤蜊

材料（2人分）

- 蛤蜊…350g
- 白蔥…⅓根
- 金針菇…50g
- 牛蒡…⅓根（50g）
- 紅蘿蔔…⅓根（50g）
- 鴨兒芹…½把
- 酒…50mℓ

作法

1. 蛤蜊吐沙後清洗乾淨，瀝乾水分。白蔥斜切成薄片，牛蒡削絲泡水去澀。紅蘿蔔切細絲，鴨兒芹切成1cm長度。金針菇切去硬蒂。
2. 除了鴨兒芹之外，在鍋底鋪上❶的其他蔬菜，將蛤蜊放在上面。以繞圈方式淋上酒，蓋上鍋蓋，開中火加熱。
3. 煮沸後將火轉小，避免湯汁溢出鍋外。煮至蛤蜊殼全部打開。最後灑上鴨兒芹，拌勻後連同湯汁盛入深盤。

倒入濃度3%左右的鹽水，把蛤蜊浸在水裡，放入冰箱靜置2～3小時。

青江菜燜煮五花肉

以青江菜取代大白菜，
為層疊料理增添色彩與豐富口感。

材料（2人分）

- 青江菜…300g
- 豬五花肉（薄片）…150g
- 薑…2塊
- 酒…4大匙

A

醬油…2大匙
酒…1大匙
胡椒…少許

- 芥末醬…少許

3 倒入酒蓋上鍋蓋，開中火煮沸後，將火稍微轉小，燜煮4～5分鐘。

4 豬肉熟透後夾入盤子，以繞圈方式淋上湯汁，佐上芥末醬。

雪平 Point

食材層層交疊燜煮的千層料理通常使用大土鍋調理，兩人份使用雪平鍋，分量剛剛好。

作法

1 青江菜直切對半，再切成3～4等分。豬肉切成3～4cm寬，泡在A裡醃漬10分鐘，使其入味。薑切細絲。

在根部劃一刀
後，用手剝開
即可均分。

2 在鍋底鋪上薑絲，豬肉稍微瀝乾後，一片片攤開放入。接著將青江菜放在肉片上，依序鋪上一層肉一層菜，層層交疊。

輪流鋪上肉與
菜，就能輕鬆
燜熟這兩種食
材。

凸顯辣椒的辣味，是一道超下飯料理。

牛蒡辣味雞

材料（2人分）

- 雞腿肉…200g
- 牛蒡…⅔根（100g）
- 蒟蒻…½片
- 辣椒…1～2根

A
- 醬油…2大匙
- 味醂…2大匙
- 酒…2大匙
- 砂糖…1大匙
- 水…3大匙

- 芝麻油…1小匙

雪平 Point

蓋上落蓋燉煮，使食材均勻入味後，再拿起落蓋，收乾水分。

作法

1. 雞肉連皮切成一口大小。以刀背輕輕削掉牛蒡皮，切成滾刀塊泡水去澀。

2. 蒟蒻切成5～6mm寬，做成韁繩狀。灑上2撮鹽（額外分量）靜置5分鐘，迅速汆燙瀝乾。

在中間劃上一刀，將一端往內塞入翻出，重複幾次。

3. 在鍋中倒入芝麻油，放入去籽辣椒，開火加熱。油熱後放入雞肉、瀝乾水分的牛蒡和蒟蒻拌炒。所有食材拌炒均勻後加A，蓋上落蓋，轉小一點的中火煮5～6分鐘。

調整火候，維持湯汁煮沸冒泡的狀態。

4. 拿起落蓋，稍微收乾湯汁並產生稠度後，燉煮至湯汁完全吸附在食材上的程度。

慢慢燉煮至這個狀態為止。

這是一道減少湯汁用量，
還能在短時間內完成的燉豬肉料理。

醋燒松阪豬

材料（2人分）

- 松阪豬肉（塊狀）…400g
- 水煮蛋…2顆
- 鴨兒芹…½把
- 薑…1塊

A

- 酒…100mℓ
- 醋…50mℓ
- 醬油…50mℓ
- 砂糖…1大匙

- 沙拉油…1大匙

雪平 Point

在鍋中烹煮外形凹凸不平的食材時，使用鋁箔紙取代落蓋，較容易使食材均勻吸收湯汁。

作法

1. 將松阪豬肉對切，鴨兒芹切成1cm長度，薑切成薄片。

選擇大小剛好可並排放入肉塊的雪平鍋。

2. 在小一點的鍋子裡放入沙拉油與薑，開中火加熱，放入豬肉煎至表面呈金黃色。倒入A，蓋上落蓋，湯汁煮沸後撈掉浮泡。將火轉小一點，燉煮25～30分鐘。

燉煮過程不斷翻動豬肉，使其充分入味。

3. 關火。放入剝殼的水煮蛋，靜置30分鐘。不時翻動豬肉與蛋，使兩者充分入味。

4. 豬肉切成容易入口的大小，水煮蛋切半，與湯汁一起盛入深盤。鴨兒芹放入濾網，以繞圈方式淋上熱水，瀝乾水分後點綴在料理上。

不用高湯，調理出甜甜辣辣的經典家常燉菜。

羊栖菜絞肉當座煮（註）

材料（2人分）

- 羊栖菜（乾燥）……20g
- 紅蘿蔔……1/3根（50g）
- 雞腿絞肉……100g

A

- 醬油……2 1/2大匙
- 砂糖……1 1/2大匙
- 味醂……1大匙
- 酒……1大匙
- 水……100ml

- 沙拉油……1大匙

作法

1. 羊栖菜泡在大量水中還原，較長的羊栖菜切成容易入口的大小。紅蘿蔔切成4～5cm長的細絲。
2. 在鍋中倒入沙拉油，開中火加熱，放入紅蘿蔔與絞肉拌炒。絞肉炒散後，放入羊栖菜拌炒。
3. 倒入**A**，煮沸後撈掉浮泡。不時以筷子攪動拌勻，開中火慢慢燉煮7～8分鐘。

註：當座煮是一種以醬油、砂糖與味醂燉煮的料理。當座是當場的意思，亦即現煮現吃，不多煮保存。

味道清淡的冬瓜搭配豬肉，加上大量的薑凸顯風味。

薑燒冬瓜豬肉

材料（2人分）

- 冬瓜…300g
- 豬五花肉（薄片）…100ml
- 薑…1塊
- 太白粉…1大匙

A
- 高湯…300ml
- 味醂…2大匙
- 醬油（薄口更佳）…1大匙
- 鹽…$\frac{1}{4}$小匙

作法

1. 將冬瓜皮削去薄薄一層，去除籽和內部纖維，切成容易入口的大小，再切成1.5cm寬的四分之一圓。豬肉切成3～4cm寬，灑上少許鹽、胡椒（額外分量），再均勻抹上薄薄一層太白粉。薑磨成泥，擠出1小匙薑汁。

2. 在鍋中倒入A，開中火煮沸後，放入冬瓜，蓋上落蓋。火轉小一點，煮至竹籤可輕鬆刺穿為止。

3. 倒入薑汁，火稍微開大一點，一片片攤開❶的豬肉放入。豬肉煮熟後，與冬瓜一起盛入深盤，放上剩下的薑泥。

抖掉多餘的太白粉。

短時間即可完成，
最適合配飯的日式煮物。

肉豆腐

材料（2人分）

- 牛肉薄片（火鍋肉片等）…100g
- 烤豆腐…1塊（300g）
- 洋蔥…½顆
- 香菇…2片
- 山椒芽…適量

A

酒…4大匙
醬油…3大匙
味醂…1½大匙
砂糖…1大匙

雪平 Point

由於放了肉與洋蔥，因此不用高湯。想到就能做，是最方便省時的基本家常菜。

作法

1. 將烤豆腐切成6等分。洋蔥切成1cm寬的月牙片。香菇去蒂，切成7～8mm寬。
2. 在鍋中倒入A煮沸，放入洋蔥與香菇，煮到洋蔥變軟。
3. 將蔬菜移至一邊，放入烤豆腐，在縫隙放入牛肉。蓋上落蓋，調整火候煮沸湯汁，煮2～3分鐘。
4. 食材翻面續煮2～3分鐘。連同湯汁盛入深盤，家裡若有山椒芽，放上山椒芽點綴。

為了讓食材入味，將食材上下翻面。

先煮熟洋蔥，之後再放入牛肉與豆腐。

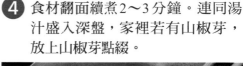

味道清淡的櫛瓜與雞絞肉一起煮，調理出層次豐富的味道。

番茄煮櫛瓜

材料（2人分）

- 櫛瓜…2小根
- 雞腿絞肉…100g
- 洋蔥…1/4顆
- 薑…1/2塊
- 蒜…1/2瓣

A
番茄切塊罐頭…200g
高湯…100mℓ

B
鹽…1/3小匙
胡椒…少許

- 醬油…1/2小匙
- 橄欖油…1/2大匙

作法

1. 切掉櫛瓜兩端，再切成1cm寬的半月形。洋蔥切薄片，薑與蒜切末。
2. 在鍋中放入橄欖油、薑、蒜，開小火加熱，油發出滋滋聲後放入絞肉，以筷子拌開炒勻。灑上鹽與胡椒（額外分量）調味。
3. 放入櫛瓜與洋蔥輕輕拌炒，倒入**A**，將火開大一點。
4. 煮至湯汁冒泡後，將火轉小一點，灑入**B**拌勻，燉煮15分鐘。起鍋前淋上醬油。

剛從冰箱拿出來的蛋最適合做半熟蛋。

絞肉燴半熟蛋

材料（2人分）

- 蛋…3顆
- 雞腿絞肉…50g

A
高湯…100ml
味醂…½大匙
醬油（薄口更佳）…½小匙
鹽…½小匙

B
太白粉…1小匙
水…2小匙

- 荷蘭芹…適量

作法

❶ 煮一大鍋熱水，輕輕放入剛從冰箱拿出來的蛋。剛開始的2～3分鐘邊以筷子轉動，煮8分鐘後取出泡冷水，再放涼備用。

❷ 在鍋中倒入**A**，煮沸前放入雞腿絞肉。以筷子拌開，避免絞肉結塊。煮熟後以繞圈方式淋上**B**的芡汁，煮至濃稠。

❸ 剝掉蛋殼，將水煮蛋切成一半，盛入盤裡。淋上❷，家裡若有荷蘭芹，切碎後灑上。

蘿蔔乾煮物

這是最常見的乾貨煮物，
搭配油豆腐皮、紅蘿蔔與鴨兒芹增添顏色。

材料（2人分）

- 蘿蔔乾（乾燥）…25g
- 紅蘿蔔…⅓根（50g）
- 油豆腐皮…1片
- 鴨兒芹…½把

A
- 高湯…200mℓ
- 醬油…1大匙
- 味醂…1大匙
- 砂糖…1小匙

- 沙拉油…1小匙

雪平 Point

這道菜若做成常備菜就不要放綠色蔬菜，如果要現做現吃，可拌入汆燙的鴨兒芹等蔬菜。

作法

1 蘿蔔乾泡在大量水中還原，用雙手擠乾水分。

乾貨通常有味道，一定要徹底擠乾水分。

2 紅蘿蔔切成4～5cm長細絲、油豆腐皮切4～5mm寬、鴨兒芹切1cm寬。

3 在鍋裡倒入沙拉油，開中火加熱，放入蘿蔔乾與紅蘿蔔炒1～2分鐘。

快炒可以蒸發水分，進一步去除味道。

4 放入A與油豆腐皮，煮沸後轉小火，蓋上落蓋煮10～15分鐘。拿起落蓋，放入鴨兒芹，以筷子攪拌，煮熟鴨兒芹即可。

短時間就能用昆布絲煮出一道菜。

快煮昆布絲

材料（2人分）

- 昆布絲（乾燥）…20g
- 甜不辣…50g
- 紅蘿蔔…⅓根（50g）
- 牛蒡…½根（50g）

A
高湯…300mℓ
醬油…2大匙
味醂…2大匙
砂糖…1大匙

- 沙拉油…1小匙

作法

1. 昆布絲泡在大量水中還原。甜不辣與紅蘿蔔切成4～5cm長細絲。以刀背輕輕削掉牛蒡皮，削成絲後泡水去澀。
2. 在鍋中倒入沙拉油，開中火加熱，放入甜不辣與蔬菜拌炒。炒勻後放入**A**與瀝乾水分的昆布絲。
3. 開中火煮沸湯汁，燉煮5～6分鐘。

利用辣椒凸顯甜辣味，迅速完成一道竹筍煮物。

竹筍甘辛煮

材料（2人分）
- 水煮竹筍…300g
- 辣椒圓片…少許
- A
  - 酒…4大匙
  - 醬油…2大匙
  - 砂糖…2大匙
- 沙拉油…1小匙

作法

1. 竹筍根部切成5～6cm寬的四分之一圓，前端沿著纖維切成5～6mm寬。
2. 在鍋中放入沙拉油與辣椒，開中火加熱。油熱後放入❶，以筷子輕輕攪拌。
3. 倒入A拌勻，煮沸後將火轉小一點。蓋上落蓋，煮至湯汁收乾。

根部與前端的硬度不同，不同切法才能吃出美味。

切成小口的白蘿蔔淋上味噌醬即大功告成。

味噌佐一口蘿蔔

材料（2人分）

- 白蘿蔔…½根（500g）
- 昆布…5～6cm1片
- 黃柚…¼顆

A
- 味噌…3大匙
- 砂糖…5大匙
- 酒…2大匙
- 味醂…1大匙

作法

1. 白蘿蔔切成3～4cm厚圓片，削皮後，直切成4等分。黃柚皮削去薄薄一層，以刀子刮掉白色纖維，切成細絲。迅速泡水後瀝乾。
2. 在鍋中放入1ℓ的水與昆布，鋪上白蘿蔔，開中火加熱。煮沸後將火轉小一點，慢慢燉煮20～30分鐘，以竹籤刺穿，可輕鬆穿過就代表煮熟了。
3. 在另一個鍋子倒入**A**拌勻，開中火加熱。煮沸後維持冒泡狀態，以鏟子一邊攪拌鍋底，燉煮4～5分鐘至濃稠。
4. 將❷盛入深盤，淋上❸，放上黃柚皮點綴。

由於白色纖維帶有苦味，一定要刮掉。

煮熟後萵苣仍保有清脆口感，十分美味。

滑蛋萵苣培根

材料（2人分）

- 萵苣…100g
- 培根…30g
- 蛋…2顆

A
高湯…5大匙
醬油（薄口更佳）…2½小匙
味醂…2½小匙

作法

1. 萵苣切成3～4cm長，培根切成1cm寬。蛋在碗裡打散。
2. 在鍋中倒入A煮沸，放入萵苣和培根，邊以筷子攪拌，開中火煮，煮至萵苣顏色變鮮豔即可。
3. 沿著鍋邊以繞圈方式淋上蛋液，等鍋邊的蛋液開始凝固就用筷子往中間撥。關火，蓋上鍋蓋燜3分鐘，利用餘熱燜熟食材。

利用橄欖油引出蔬菜的水分與甜度。

橄欖油蒸白菜培根

材料（2人分）

- 大白菜…250g
- 培根…30g
- 白芝麻…少許
- 鹽…⅓小匙
- 橄欖油…2大匙

作法

1. 大白菜與培根切成1.5cm寬，放入鍋中，灑鹽拌匀，淋上橄欖油。

2. ❶蓋上鍋蓋，開中火加熱，煮至出現啪滋聲後轉小火，燜煮10～15分鐘（中途掀開鍋蓋1～2次，以筷子拌匀）。

3. 連同湯汁盛入深盤，灑上芝麻。

泡水還原的凍豆腐加上蔥，再裹上口味微甜的滑蛋。

滑蛋凍豆腐

材料（2人分）

- 凍豆腐…2片
- 青蔥…1〜2根
- 蛋…2顆

A

高湯…150mℓ
醬油（薄口更佳）…5小匙
味醂…5小匙
砂糖…1小匙

作法

1. 凍豆腐泡在大量溫水裡還原，浸泡20分鐘。雙手夾著豆腐，用力擠出水分，斜切成1cm薄片。青蔥也斜切成1cm薄片。蛋在碗裡打散。
2. 在鍋裡倒入A煮沸，放入凍豆腐，轉小火煮3分鐘。加入青蔥續煮1分鐘。
3. 沿著鍋邊以繞圈方式淋上蛋液，等鍋邊的蛋液開始凝固就用筷子往中間撥。關火，蓋上鍋蓋燜3分鐘，利用餘熱燜熟食材。

❷ 在鍋中倒入A煮沸，放入❶煮2～3分鐘。立刻連同鍋子放入冰水降溫。

❸ 冰鎮後連同湯汁一起盛入碟子裡，放上薑絲。

急速冷凍能
使蔬菜顏色
更鮮豔。

青煮甜豌豆與蠶豆

先以湯汁迅速煮過，再隔著鍋子以冰水降溫，就能做出色彩鮮豔的健康料理。

材料（2人分）

- 甜豌豆…10根
- 蠶豆…20顆
- 薑…½塊

A

高湯…200㎖
酒…50㎖
味醂…1大匙
醬油（薄口更佳）…½小匙
鹽…⅓小匙

作法

❶ 甜豌豆去蒂和豆莢兩側的縫線，斜切成2等分。從莢中取出蠶豆，剝除上端黑色的種臍，再去薄皮。薑切細絲。

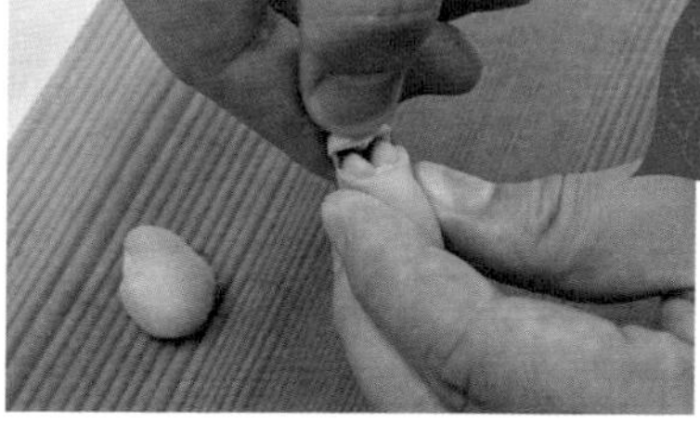

輕輕剝除，避免蠶豆裂開。

雪平 Point

雪平鍋的導熱速度快，放在冰水裡也能迅速降低溫度。這個方式能避免綠色蔬菜變色，同時能更加入味。

短時間即可完成，令人想趁熱品嚐的美味料理。

櫻花蝦拌蕪菁

材料（2人分）

・蕪菁…1把（200g）
・櫻花蝦（乾燥）…10g

A
高湯…200mℓ
醬油…5小匙
味醂…5小匙

作法

1. 蕪菁切成4～5cm。
2. 在鍋中放入**A**與櫻花蝦開火加熱，煮至沸騰冒泡後加入蕪菁，蓋上鍋蓋燜煮。
3. 拿起鍋蓋，迅速攪拌使食材均勻受熱。

熬湯的配料也能成為食材。

小魚乾涼拌油菜

材料（2人分）

- 油菜…1把（200g）
- 油豆腐皮…1片
- 熬過湯的小魚乾…3～4隻

A

小魚乾高湯…200mℓ
醬油…5小匙
味醂…5小匙

作法

1. 油菜切成4～5cm，油豆腐皮切成長條。熬過湯的小魚乾去除頭部、內臟和魚骨，體型較大者切成2等分。
2. 在鍋中倒入**A**煮沸，放入❶繼續沸騰。1分半後蓋上鍋蓋燜煮。
3. 拿起鍋蓋，迅速攪拌使食材均勻受熱。

沙丁魚、花枝的事前處理法

用手剝開沙丁魚

沙丁魚價格實惠，容易購買，
事前處理的方法也很簡單，
只要學會就能變化出各種料理。

1 大拇指放在頭部與背部的交界處。

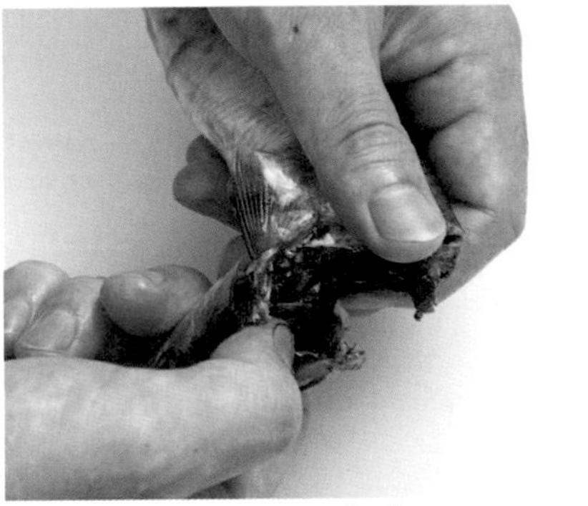

2 大拇指用力往下壓，迅速取下頭部。

3 一手握著頭部，往腹部與尾巴方向拉，去除內臟。

4 大拇指伸入腹部，在水中搓揉，洗淨血水。

沙丁魚體型較大時

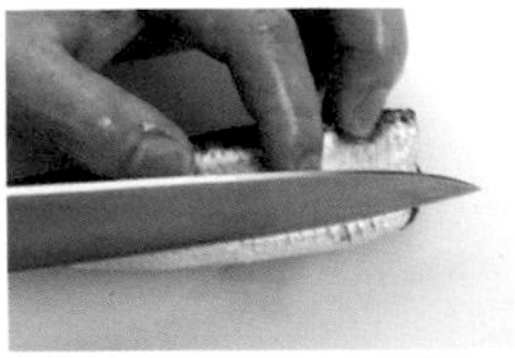

② 切掉魚腹底部。

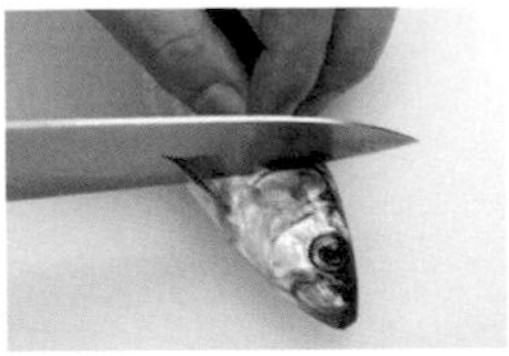

① 刀子盡可能靠近腹鰭，下刀切除頭部。

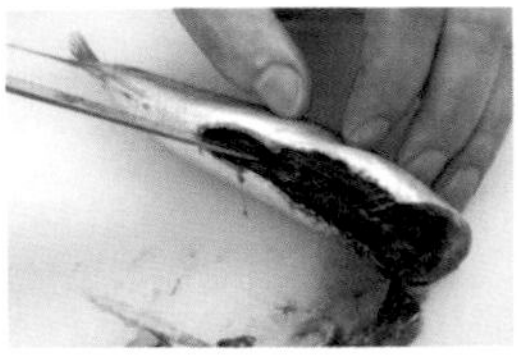

④ 由於血水會積在身體裡，劃一刀至下腹部，用水清洗。

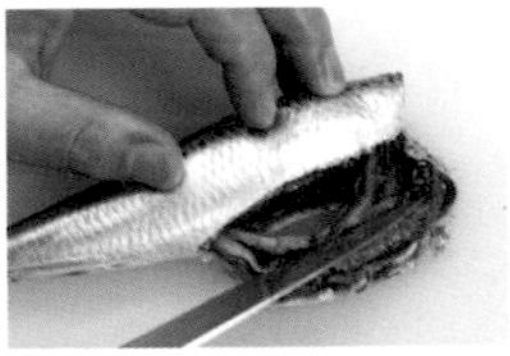

③ 刀子從切開處伸入，刮除內臟。

5 以廚房紙巾擦乾水分，魚腹裡面也要擦乾。

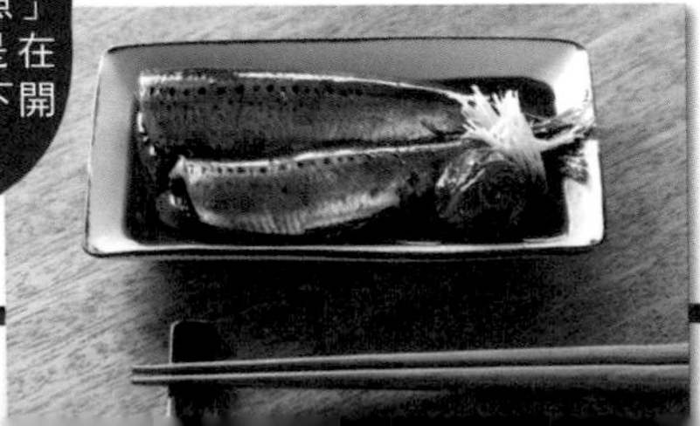

「梅煮沙丁魚」（P34）就是在這樣的狀態下開始調理。

6

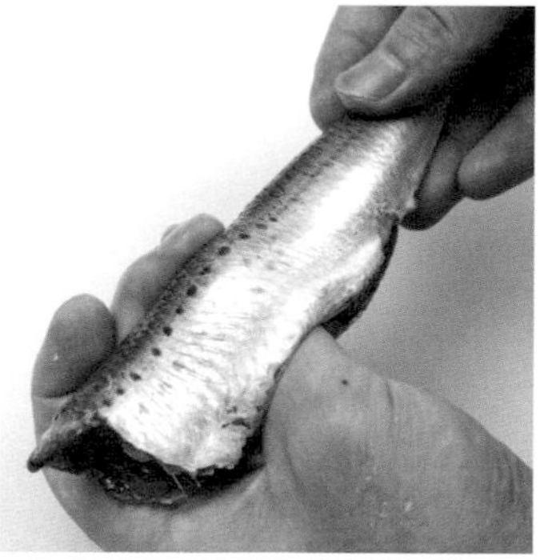

左手大拇指的指甲放在魚肉與中骨之間，以指腹感受中骨，手指往頭部方向滑動。

7

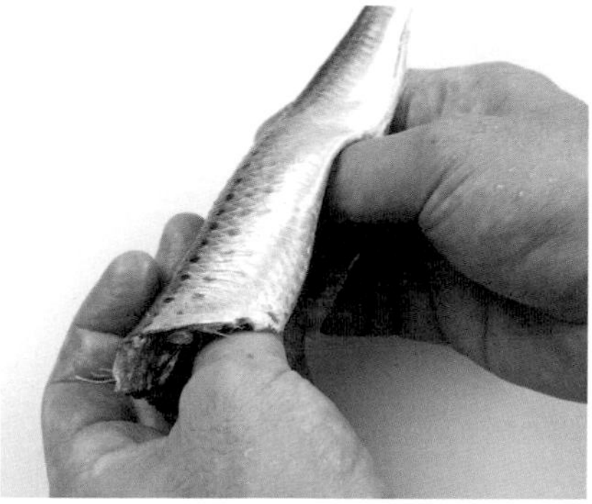

右手大拇指重複相同動作，從頭部往尾巴滑動。

8

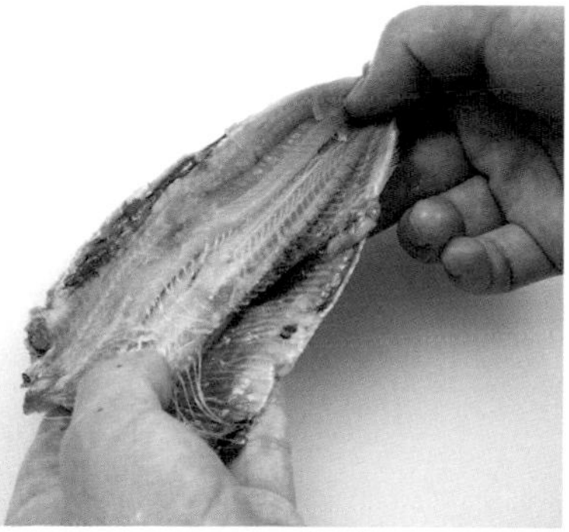

魚身打開的模樣。

9

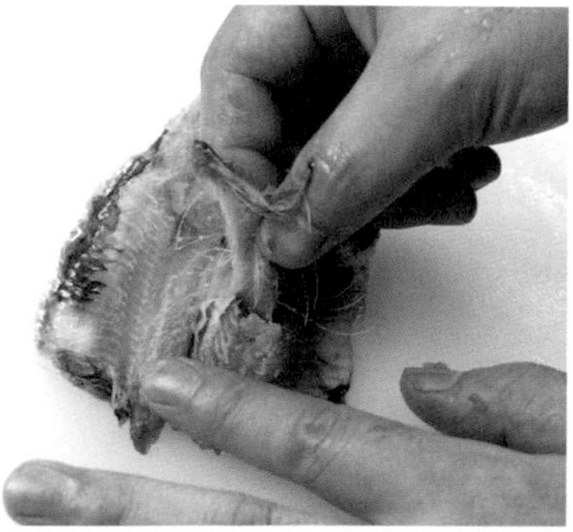

抽出魚骨，小心別撕裂魚肉。

10

將魚骨往上拉，慢慢脫離魚肉，去除魚骨。

11

若還有未去除的中骨，以刀子仔細刮除。

12

將魚肉一百八十度翻過來，邊重複相同步驟，刮除另一邊的中骨。

「沙丁魚丸子鍋」（P132）就是在這樣的狀態下開始調理。

花枝的事前處理法

只要記住事前處理的步驟就很簡單，細心處理並徹底擦乾水分，即可冷凍保存。

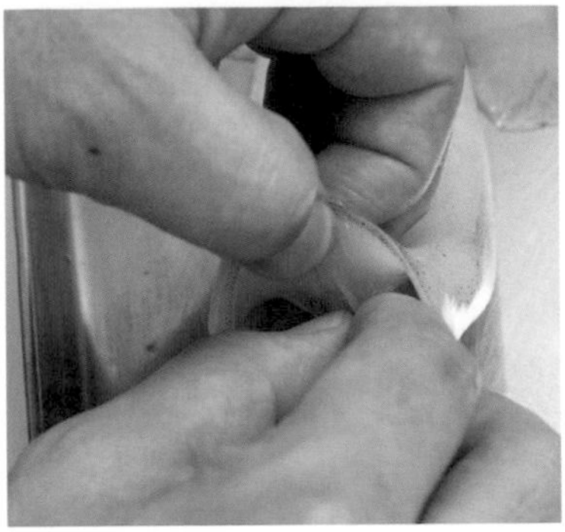

1 手指伸入軀幹，剝除連結內臟與軀幹的皮膜。

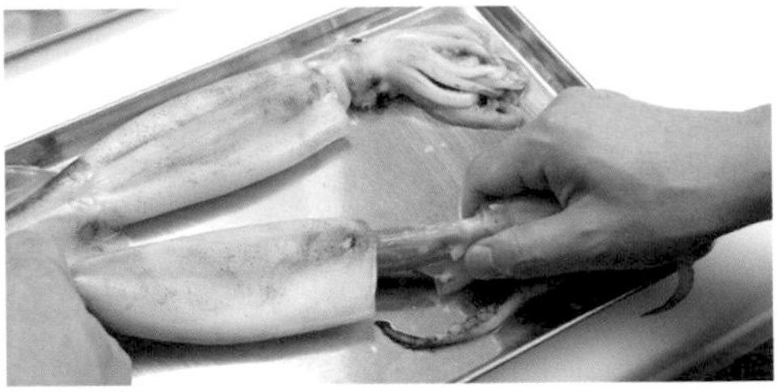

2 一手按住鰭，另一手握住內臟慢慢往外拉。

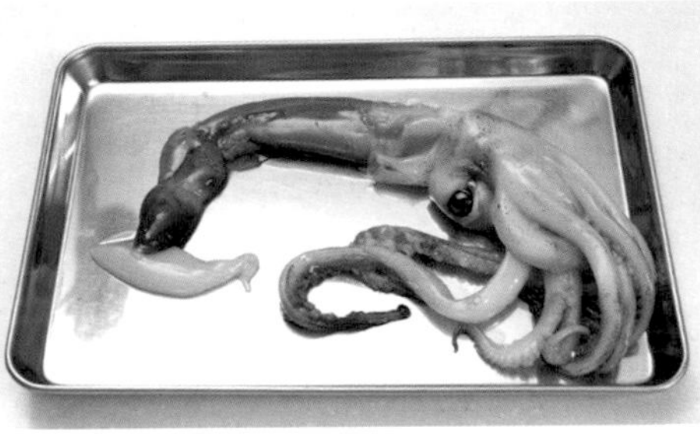

3 完整取出內臟的模樣。

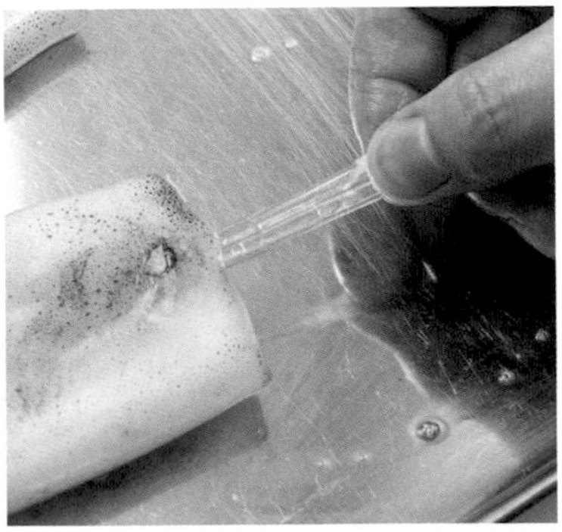

4 拔除留在軀幹內部的軟甲（透明棒狀物）。

5 取出軟甲的模樣。

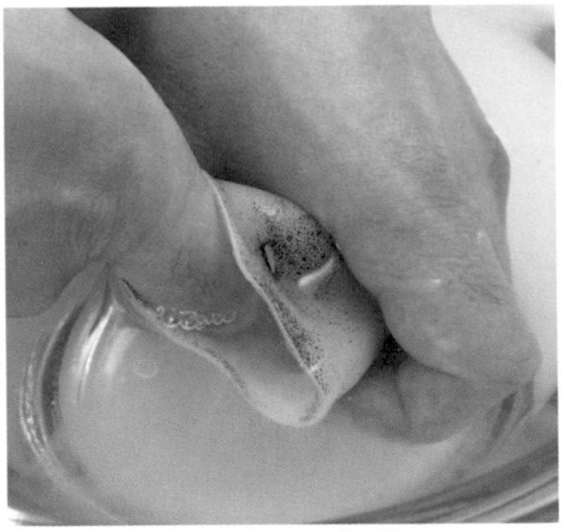

6 手指伸入軀幹，放在水裡清洗。

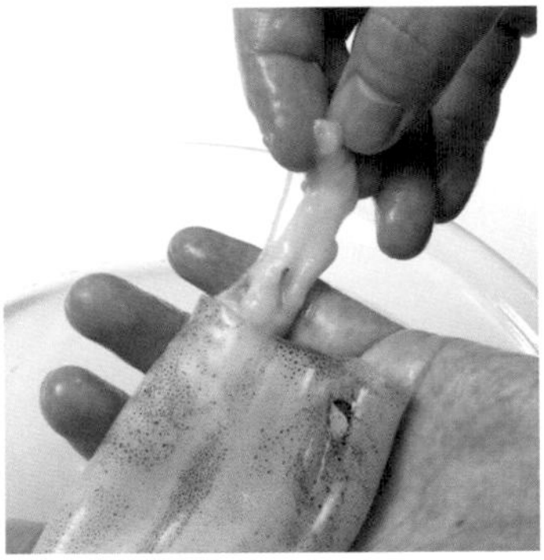

7 如照片所示，內部還會殘留內臟與污垢，請務必清除乾淨。

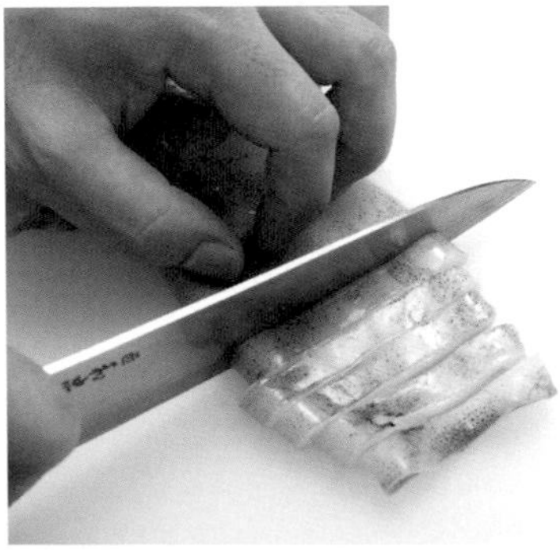

8 依照用途切成適當大小。

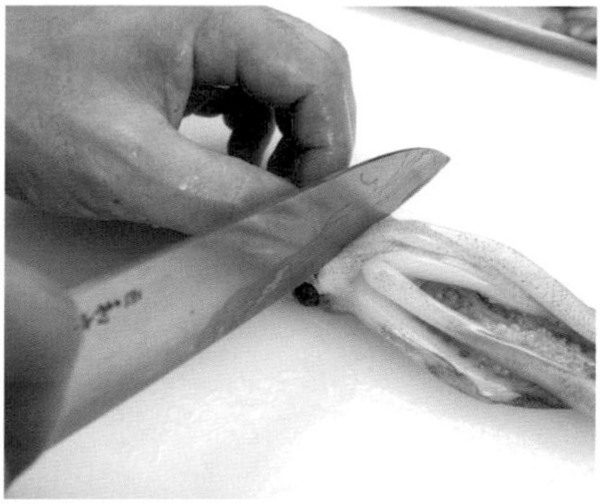

9
從眼睛下方切開內臟和觸鬚。

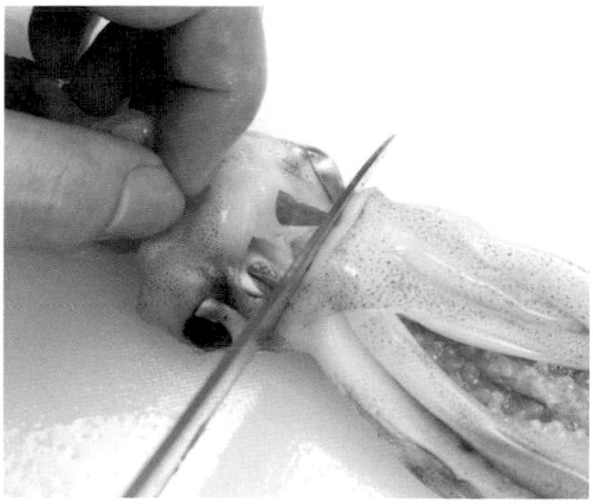

10
切到眼睛會噴出髒水，下刀時內臟要往外拉。

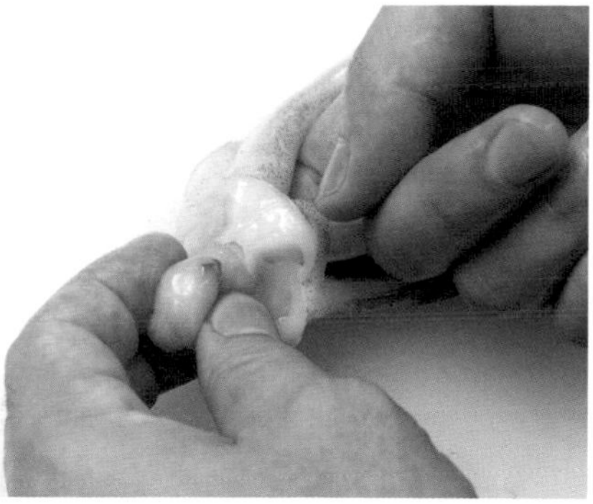

11
以手指壓出嘴部後切除。

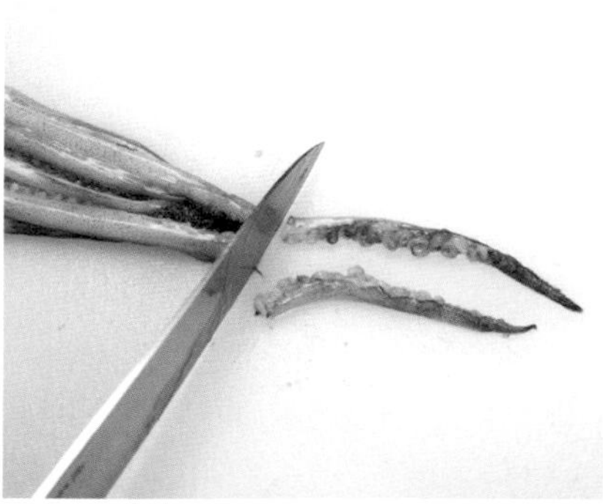

12
切掉較長的兩隻觸鬚前端。

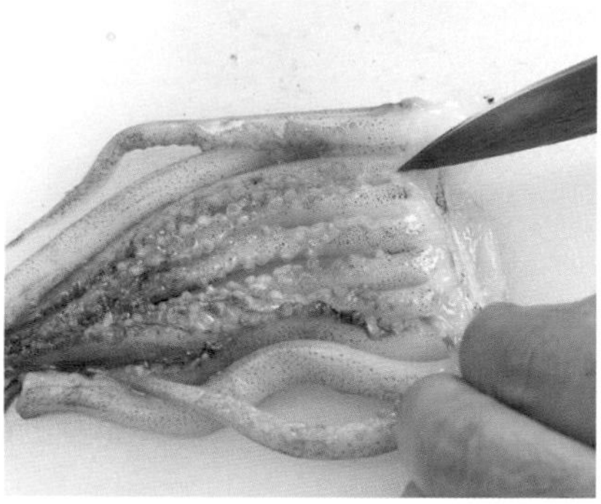

13
刀子深入根部，切開觸鬚。

14
滑動刀子，刮除吸盤。輕輕洗淨備用。

15
配合料理切成適當大小。

「芋頭煮花枝（P36）」、「納豆拌花枝小黃瓜（P79）」就是在此狀態下開始調理。

涼拌料理

無論是迅速汆燙蔬菜
再拌入調味料的涼拌菜，
或泡高湯入味的冷泡菜，
兩者皆不用油，
有益身體健康。
由於許多料理在製作
過程中需倒掉湯汁，
有鍋嘴的雪平鍋顯得更
加方便，讓你事半功倍。

涼拌料理的基本調理法

涼拌與冷泡料理很容易變得湯湯水水，
因此煮過的食材一定要徹底去除水分。

• 食材煮法

不同食材有不一樣的煮法

基本上，菠菜、秋葵等綠色蔬菜要等水滾才下鍋，白蘿蔔和馬鈴薯等根莖類蔬菜，則從冷水開始煮。

菠菜

下鍋時先不拿掉橡皮筋，取出時較方便。

白蘿蔔

將水與材料放入鍋中再開火加熱。

• 徹底去除水分

這個步驟很重要可避免水分太多

食材煮熟後一定要徹底去除水分，這個步驟可以避免涼拌與冷泡料理變得湯湯水水。

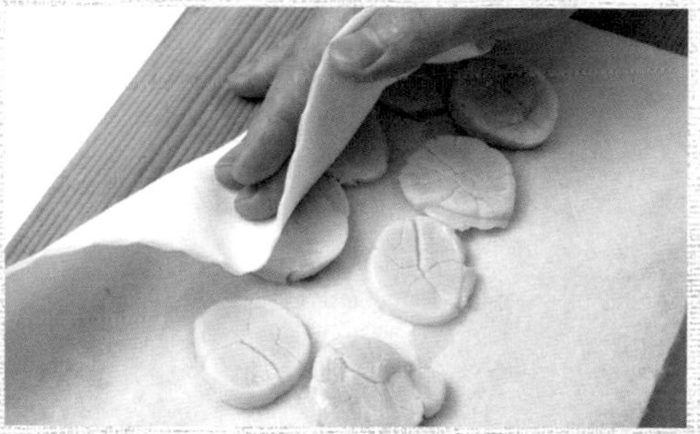

以廚房紙巾擦乾

水煮後以廚房紙巾擦乾水分。

• 涼拌與冷泡料理

吃之前才「拌」花時間慢慢「泡」

涼拌菜的特色是加入調味料迅速拌勻，因此要在吃之前拌。冷泡料理則是將食材浸泡在調味料裡，放在冰箱慢慢泡。

涼拌料理

鹽分會使食材出水，因此要在吃之前拌勻。

冷泡料理

將食材泡在高湯或調味料裡慢慢入味。

青椒雞肉佐香味醬汁

以味噌為基底，拌入醬油與芝麻油，調製出濃郁香醇的涼拌料理。

材料（2人分）

- 青椒……2個
- 雞胸肉……100g
- 青紫蘇……1片

A

味噌……2小匙
薑泥……2小匙
醋……2小匙
醬油……1小匙
砂糖……½小匙
芝麻油……½小匙

雪平 Point

有鍋嘴設計的雪平鍋，方便倒掉湯汁或淋熱水。將熱水淋在青椒上，輕鬆去除青椒的苦味，保留清脆口感。

作法

1. 在鍋中放入400mℓ的水與2/3 小匙（額外分量）的鹽，開火煮沸後放入雞胸肉。再次沸騰後蓋上鍋蓋關火，靜置8～10分鐘。取出放涼，撕成細絲。

雞胸肉很容易變硬，最好利用餘熱燜熟。

2. 青椒去除蒂頭與種子，直切成細絲。放入濾網裡淋上熱水，靜置放涼。在調理碗中放入❶與青椒拌勻，放入冰箱冷藏備用。

為了保留口感，這道菜不用水煮，改淋熱水。

3. 青紫蘇粗略切碎，拌入A中製作香味醬汁。將❷盛入碗裡，淋上香味醬汁。

迅速汆燙涮涮鍋用的豬肉，拌入切碎的和布蕪即大功告成！

和布蕪涼拌剝皮番茄與豬肉

材料（2人分）

- 番茄…1顆（150g）
- 豬里肌肉（涮涮鍋用）…50g
- 市售已調味和布蕪…2包
- 醬油…1小匙

作法

1. 番茄前端劃上淺淺的十字刀痕放入沸騰的水中燙20～30秒。取出後放在冷水裡，剝皮切成一口大小。
2. 接著灑上1撮鹽（額外分量），放入豬肉汆燙，以濾網撈起瀝乾。肉放涼後切成1cm寬。
3. 在調理碗中放入❶與❷，添加和布蕪與醬油拌勻。

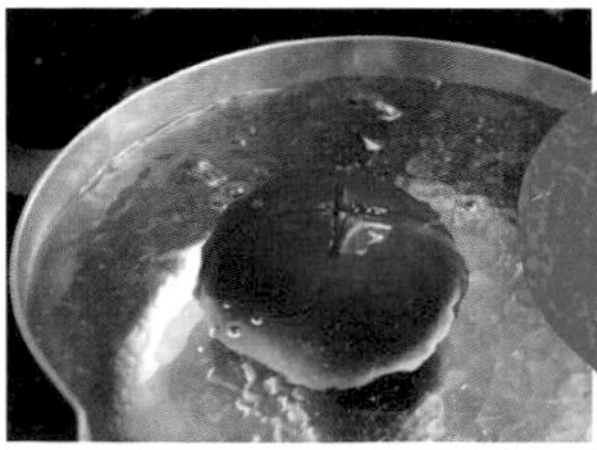

燙過再剝皮的番茄，與和布蕪的滑嫩口感十分搭調。

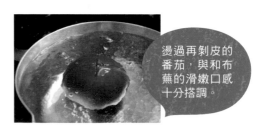

豬肉迅速汆燙後拌入醋味噌即可。

珠蔥豬肉拌醋味噌

材料（2人分）

- 珠蔥…100g
- 豬里肌肉（薄片）…100g

A
- 味噌…1 ½大匙
- 砂糖…2 ½小匙
- 醋…2小匙

作法

1. 煮一鍋熱水，放入1撮鹽（額外分量），一手拿著珠蔥前端，將根部放入熱水汆燙30秒。再將整個珠蔥放入鍋中，汆燙30～45秒，以筷子取出瀝乾水分。
2. 將豬肉放進❶的鍋裡，煮到變色後撈起瀝乾。珠蔥和豬肉都要徹底瀝乾水分。
3. 珠蔥放在砧板上，輕輕搓出黏液。珠蔥切成3～4cm長、豬肉切成1cm長。
4. 在調理碗中混合A，製作醋味噌。拌入❸中。

從根部往葉子前端搓揉，使其產生黏液。

牛肉搭配用鹽醃過的芹菜，佐以蘿蔔泥與三杯醋。

蘿蔔泥甜醋拌芹菜牛肉

材料（2人分）

- 牛肉薄片（火鍋肉片等）…150g
- 西芹的莖…½根
- 白蘿蔔…10㎝（300g）

A
- 醋…2½大匙
- 高湯…2大匙
- 醬油（薄口更佳）…½大匙
- 味醂…1小匙
- 砂糖…1小匙

B
- 酒…2大匙
- 鹽…2小匙

- 一味唐辛子…少許

作法

1. 白蘿蔔去皮，磨成泥後以濾網過濾，再用手擠出水分。西芹斜切成1～2mm寬的薄片。
2. 在鍋中煮1ℓ熱水，放入B。加入牛肉和西芹，牛肉煮熟後撈起放涼。
3. 在調理碗中拌勻A，放入❶的白蘿蔔泥拌勻。拌入❷，最後灑上一味唐辛子。

感覺很像馬鈴薯沙拉，但保留了馬鈴薯塊的口感。

扁豆馬鈴薯沙拉

材料（2人分）

- 馬鈴薯…2顆（300g）
- 扁豆…10個
- 培根…30g

A
醋…½大匙
醬油…1小匙
鹽…1撮

B
美乃滋…2大匙
芥末醬…少許

- 現磨黑胡椒粒…少許

作法

1. 馬鈴薯削皮後切成2～3cm塊狀，培根切成5mm寬，扁豆去蒂和豆莢兩側的縫線。
2. 在鍋中倒入淹過馬鈴薯的水量，灑入1撮鹽（額外分量），開火加熱。慢慢煮至竹籤可輕鬆刺穿的程度。最後1～2分鐘放入扁豆，一起撈起瀝乾。
3. 扁豆泡冷水降溫，放涼後瀝乾水分，切成細絲。馬鈴薯再次放回鍋中。
4. 在鍋裡加培根，開中火加熱。轉動鍋子，稍微收乾水分。以木鏟輕輕搗碎馬鈴薯，關火。趁熱加入A拌勻放涼。放涼後加入B與扁豆拌勻，灑上胡椒。

趁熱讓馬鈴薯吸收調味料，使其入味。

❷ 煮一鍋熱水，放入干貝汆燙10～15秒，立刻撈起放入冰水降溫。放涼後以廚房紙巾擦乾水分。

❸ 將干貝放入深盤，拌勻A，以繞圈方式淋在干貝上。灑上蘘荷與細蔥。

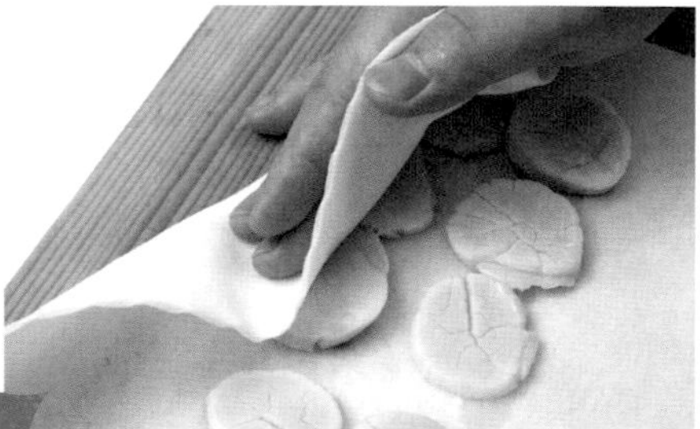

一定要徹底擦乾水分，避免水分太多。

辛辣的柚子胡椒凸顯風味，
淋上提味佐料的和風半熟料理。

和風半熟干貝

材料（2人分）

- 干貝（生魚片用）⋯150g
- 蘘荷⋯½顆
- 細蔥⋯1～2根

A

醬油⋯1大匙
橄欖油⋯1大匙
醋⋯2小匙
柚子胡椒⋯½小匙左右
砂糖⋯½小匙

作法

1. 干貝切成一半厚度。逆著纖維方向將蘘荷切成薄片，迅速泡水後撈起瀝乾。細蔥切成蔥花。

雪平 Point

燙至半熟，可帶出比生干貝更鮮甜的美味與口感。各品牌的柚子胡椒辣度皆不同，請慢慢添加調味。

切碎汆燙過的秋葵是美味的涼拌佐料。

秋葵拌章魚山藥

材料（2人分）

- 水煮章魚…100g
- 山藥…100g
- 秋葵…7～8根

A
- 醬油（薄口更佳）…1小匙
- 薑泥…½小匙
- 鹽…1撮

作法

1. 水煮章魚和山藥，以滾刀切成一口大小。
2. 秋葵去蒂，灑鹽（額外分量）搓揉。不要洗掉鹽，直接放入沸騰的熱水，以筷子攪動煮2分鐘。放入冷水泡涼。
3. 泡涼後拿廚房紙巾擦乾水分，以刀子粗略切碎。加入A再次切碎，攪拌均勻。
4. 將❶盛入盤裡，淋上❸。食用時拌勻。

青海苔粉的香味統合了料理味道。

納豆拌花枝小黃瓜

材料（2人分）

- 花枝…1隻
- 小黃瓜…½根
- 納豆…2包
- 青海苔粉…少許
- 醬油…2小匙

花枝的事前處理法請參考P66。

作法

1. 花枝的軀幹帶皮切成1cm寬的圓片，與觸鬚一起切成3～4cm長度。小黃瓜直切對半，再斜切成薄片。
2. 煮一鍋熱水，放入花枝，汆燙1～2分鐘後撈起瀝乾。
3. 在調理碗中放入納豆，攪動拌勻，淋上醬油調味。
4. 將小黃瓜與花枝放入❸中拌勻，盛入小碗裡，灑上青海苔粉。

核桃南瓜沙拉

南瓜的鬆軟甜味與核桃口感十分搭調。

材料（2人分）

- 南瓜…200g
- 核桃…15g
- 荷蘭芹…少許

A

醋…1小匙
沙拉油…1小匙
砂糖…½小匙
鹽…¼小匙
胡椒…少許

生核桃可先用平底鍋炒過，或放烤箱烤過。

雪平 Point

這道菜與粉吹芋一樣，都要在馬鈴薯煮熟後倒掉水並炒乾水分，使用雪平鍋即可輕鬆完成這個步驟。

作法

❶ 南瓜挖掉囊籽和內膜，連皮切成1.5cm塊狀。核桃放入研磨缽中輕輕搗碎備用。

若沒有研磨缽，可用菜刀切碎。

❷ 在鍋中倒入淹過南瓜的水，開火加熱，燉煮到竹籤可輕鬆刺穿的程度。撈起瀝乾，倒掉鍋中的水。

❸ 將❷放回鍋中，開中火輕輕搖晃鍋子，稍微炒乾水分，直接放涼。

這個步驟可以避免料理變得湯湯水水。

❹ 放涼後加入核桃與A拌勻，放入冰箱冷藏。所有食材盛入盤裡，灑上切碎的荷蘭芹。

煮熟的芋頭與芝麻、味噌相拌，完成一道香味十足的涼拌料理。

芝麻味噌拌芋頭

材料（2人分）

- 里芋…300g
- 味醂…1大匙

A
- 味噌…1大匙
- 白芝麻醬…½大匙
- 砂糖…⅓小匙

作法

1. 味醂倒入耐熱容器，鬆鬆地封上保鮮膜，放入微波爐（600W）加熱40秒。使其沸騰冒泡，揮發酒精。
2. 將削皮的芋頭切成一口大小放入鍋中，倒入淹過芋頭的水，開中火加熱。煮沸後將火轉小一點，煮至竹籤可輕鬆刺穿的程度，撈起瀝乾，倒掉鍋中的水。
3. 將❷放回鍋中，開中火輕輕搖晃鍋子，稍微炒乾水分。關火後放入❶和A，與芋頭拌勻。

牛蒡和紅蘿蔔的樸實口味，提升芝麻涼拌菜的質感。

芝麻拌牛蒡紅蘿蔔

材料（2人分）

- 牛蒡…$\frac{2}{3}$根（100g）
- 紅蘿蔔…$\frac{1}{3}$根（50g）

A
白芝麻…2大匙
醬油…2小匙
砂糖…2小匙

作法

❶ 以刀背輕輕削掉牛蒡皮，直切成4～6等分，再切成4～5cm長，泡水去澀。紅蘿蔔切成與牛蒡一樣大小的棒狀。

❷ 煮一鍋熱水，灑上1撮鹽（額外分量），放入❶煮3～4分鐘，撈起瀝乾。

❸ 將A的芝麻磨成含有粗粒的芝麻粉，拌入其他調味料，趁熱與瀝乾水分的❷一起拌勻。

不全部磨成粉，保留一半粗粒的感覺。亦可使用市售芝麻粉。

先用水煮熟花椰菜和鵪鶉蛋，再放入調製好的甜醋醃汁裡。

甜醋漬鵪鶉蛋與花椰菜

材料（2人分）

- 白花椰菜…½株（200g）
- 鵪鶉蛋…6顆

A
- 高湯…180㎖
- 醋…120㎖
- 砂糖…5大匙
- 鹽…½小匙
- 辣椒圓片…少許

作法

1. 將A倒在碗裡充分拌勻。

2. 白花椰菜切小朵，較大的直切對半。在熱水中添加1大匙醋（額外分量），放入白花椰菜煮2分鐘後取出。灑上2撮鹽（額外分量）備用。

放醋可將白花椰菜煮得更白更漂亮。

3. 將鵪鶉蛋放入❷的鍋子，煮4分鐘後撈起瀝乾，泡在冷水裡剝殼。

4. 將白花椰菜與鵪鶉蛋放入❶裡醃漬，醃1個小時以上，使其入味。

可冷藏保存4、5天。

雪平 Point

雖然只用水煮食材，但醃漬在高湯裡，可以醃出深層美味。煮過白花椰菜的熱水還能拿來煮蛋，節省不少時間。

蓮藕煮得恰到好處，佐上味道最契合的梅肉泥。

梅肉拌蓮藕

材料（2人分）

- 蓮藕…150g
- 醃梅乾…1大顆
- 青紫蘇…1片
- 柴魚片…1包（2g）
- 醬油…½小匙

作法

1. 蓮藕去皮，切成4～5mm寬的四分之一圓，泡水去澀。醃梅乾去籽，以刀子粗略切碎果肉。

2. 煮一鍋熱水，灑1撮鹽（額外分量），放入蓮藕煮2～3分鐘，撈起瀝乾。

3. 趁熱將徹底瀝乾水分的❷放入調理碗，拌入醃梅乾、柴魚片和醬油。拌勻後盛入盤裡，灑上切碎的青紫蘇。

簡單的涼拌碎豆腐凸顯出蒟蒻絲的口感。

碎豆腐拌蘆筍蒟蒻絲

材料（2人分）

- 蘆筍…4～5根
- 蒟蒻絲…50g
- 板豆腐…100g

A
高湯…100mℓ
醬油…2½小匙
味醂…2½小匙

B
白芝麻…1小匙
醬油（薄口更佳）…½小匙
砂糖…½小匙
鹽…1撮

作法

1. 以廚房紙巾或布包覆豆腐，放上重物去除水分，靜置30分鐘。
2. 蘆筍去除硬根，削掉4～5cm根部的皮，切成2cm寬的斜片。蒟蒻絲切成容易入口的大小，汆燙後撈起瀝乾。
3. 在鍋中倒入A煮沸，放入❷煮1分半～2分鐘。連同鍋子泡在冰水裡降溫。
4. 在研磨缽裡放入B的芝麻，磨至完全沒有顆粒為止，放入B剩下的材料拌勻。加入去過水的豆腐充分研磨，最後拌入撈起瀝乾的❸。

馬鈴薯不要煮太軟，保留微硬口感，完成一道口感與風味十足的醋拌料理。

三杯醋拌馬鈴薯

材料（2人分）

- 馬鈴薯…1顆（150g）
- 柴魚片…少許

A
高湯…3大匙
醋…1½大匙
醬油…½大匙
味醂…½大匙

作法

1. 將馬鈴薯切成比火柴棒略粗的絲。
2. 煮一鍋熱水，灑1撮鹽（額外分量），放入❶煮1分半～2分鐘。撈起泡在冷水裡，泡涼後以廚房紙巾擦乾水分。
3. 在調理碗中拌勻A，放入❷醃漬。放進冰箱冷藏10～15分鐘入味，連同醃汁盛入深碗，再灑上少許柴魚片。

用水煮過的冬粉與紅蘿蔔，就是一道口感十足的醋拌料理。

醋漬冬粉

材料（2人分）

- 冬粉…20g
- 紅蘿蔔…⅓根（50g）
- 小黃瓜…½根
- 火腿（薄片）…2片

A
- 醋…1½大匙
- 砂糖…2小匙
- 醬油…½大匙
- 味醂…½大匙
- 芝麻油…½小匙
- 鹽…1撮

作法

1. 紅蘿蔔、小黃瓜、火腿切成4～5cm長的細絲。
2. 煮一鍋熱水，放入冬粉煮3～4分鐘，撈起瀝乾。
3. 接著灑1撮鹽（額外分量），放入紅蘿蔔煮1～2分鐘，撈起瀝乾。冬粉與紅蘿蔔各自泡冷水降溫，冬粉切成容易入口的長度，以廚房紙巾擦乾水分。
4. 在調理碗中拌勻A，放入❸、小黃瓜、火腿拌勻。

蒟蒻田樂

這道菜孩子也愛吃。家裡若沒有紅味噌，也可以用其他味噌替代。

材料（2人分）

- 蒟蒻…1片

A
- 味噌…2大匙
- 砂糖…3大匙
- 酒…4小匙
- 味醂…2小匙

雪平 Point

雪平鍋的鍋底邊角帶有平緩弧度，適合用來製作醬料，可輕鬆完成味噌醬。

作法

1. 在蒟蒻兩面劃上淺淺的格子狀刀痕，切成一半厚度。再切成三角形，串上竹籤。

2. 在鍋中混合A，開中火加熱。煮沸後調整火候，保持沸騰冒泡的狀態，以鏟子攪拌鍋底，耐心燉煮3～4分鐘，直到煮出濃稠感為止。

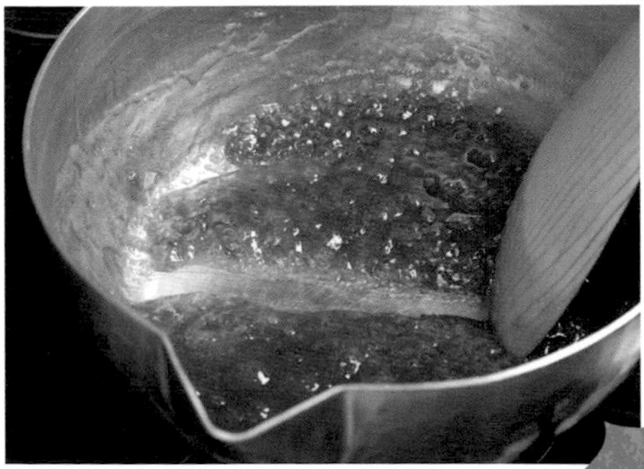

以鏟子沿著鍋底劃一道，出現空白線條即可。

3. 另煮一鍋熱水，放❶煮2～3分鐘，撈起瀝乾。淋上大量的❷，放在盤子裡。

蒟蒻事先劃上刀痕，醬汁較容易均勻包覆。

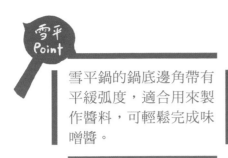

迅速汆燙韭菜與豆芽菜，充分凸顯芝麻美味。冷了也很好吃。

芝麻酸桔醋拌韭菜與豆芽菜

材料（2人分）

- 豆芽菜…1包
- 韭菜…1把

A
市售酸桔醋醬汁…3大匙
白芝麻…1大匙
芝麻油…1小匙

- 鹽…2撮

作法

1. 韭菜切成4～5cm長段。
2. 煮一鍋熱水，加1撮鹽，放入豆芽菜燙30秒。接著放入韭菜燙10秒，用濾網撈起後，均勻灑上1撮鹽。
3. 在調理碗拌勻A，趁熱拌入徹底瀝乾水分的❷。

去除苦味的苦瓜拌入大量柴魚片，完成一道簡單又好吃的涼拌料理。

柴魚片拌苦瓜油豆腐皮

材料（2人分）

- 苦瓜…½根
- 油豆腐皮…1片

A
- 鹽…¼小匙
- 砂糖…1小匙

B
- 柴魚片…2包（4g）
- 醬油…½大匙
- 橄欖油…1小匙

作法

1. 苦瓜直切對半，以湯匙刮除種子和內部白膜，切成1～2mm寬，拌入A，靜置5分鐘。以烤箱將油豆腐皮表面烤成金黃色，切成細長段。
2. 煮一鍋熱水，放入苦瓜燙10秒，撈起瀝乾。泡在冷水裡放涼，以廚房紙巾擦乾水分。
3. 在調理碗中放入❶的油豆腐皮與❷，加入B拌勻。

拌勻調味料後靜置5分鐘，即可去除苦瓜的苦味。

柴魚高湯與菇類的湯汁，讓這道簡單料理充滿豐富層次。

冷泡菠菜菇

材料（2人分）

- 菠菜…1把（200g）
- 香菇…2朵
- 鴻喜菇…50g

A
高湯…200ml
醬油…5小匙
味醂…5小匙

作法

1. 在菠菜根部劃上數道十字刀痕，放入水裡洗去污泥。香菇去柄，切成1cm寬。鴻喜菇切除硬蒂。
2. 煮一鍋熱水，灑上1撮鹽（額外分量），菠菜莖部放入熱水，汆燙30秒後，整個放進熱水裡，燙30秒～1分鐘。夾起泡冷水降溫。
3. 接著放入香菇與鴻喜菇，煮1分鐘後撈起瀝乾，直接放涼。菠菜切成4～5cm長段，徹底瀝乾水分。
4. 在調理碗中拌勻A，放入❸冷泡。放進冰箱冷藏1小時以上，使其入味。

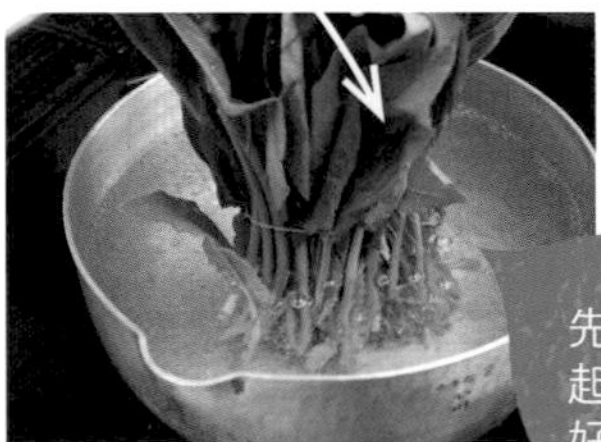

先用橡皮筋綁起，汆燙後較好處理。

不只秋葵，還有蠶豆，瞬間變身成豐盛美味的涼拌菜。

芝麻香拌秋葵與蠶豆

材料（2人分）

- 秋葵…10根
- 蠶豆…10顆
- 蘘荷…1顆
- 白芝麻…1½大匙

A
- 醬油…½大匙
- 砂糖…½大匙

作法

1. 秋葵去蒂，削掉萼，均勻灑鹽（額外分量）搓揉。蠶豆從莢中取出，在黑色種臍的反面劃上淺淺刀痕。稍微切掉蘘荷根部，直切成細絲。

2. 煮一鍋熱水，灑1撮鹽（額外分量），放入蠶豆煮。1分鐘後放入秋葵，以筷子攪動鍋裡，煮2分鐘後撈起，泡冷水降溫。

3. 秋葵斜切成3等分，蠶豆剝掉薄皮。芝麻磨成含有粗粒的芝麻粉，拌入A。與秋葵、蠶豆、蘘荷充分攪拌。

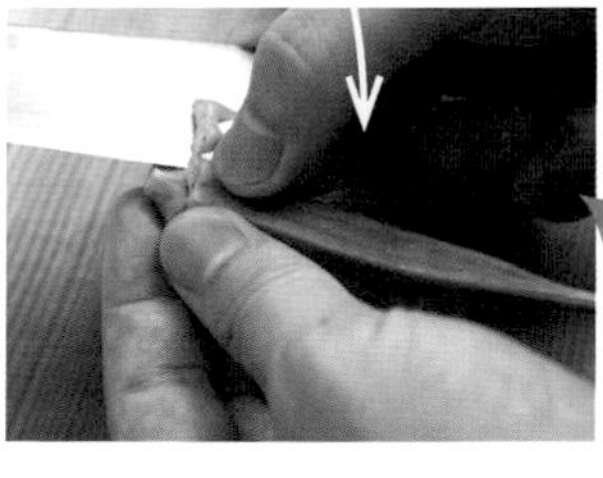

先將萼削掉，煮起來比較好看。沒時間慢慢削時，可切掉整個萼頭。

如何煮出好吃的飯

健康的日式家常菜，一定要搭配好吃的飯。只要準備輕鬆方便的電子鍋或傳統土鍋，無須任何調理工具。記得充分泡水，無論電子鍋或傳統土鍋都能煮出好吃的飯。

泡水時間與水量是美味關鍵

雖然米的種類和新鮮度會影響味道，但只要煮之前充分泡水，精準測量水量，不管使用電子鍋還是傳統土鍋，都能煮出好吃的飯。相反的，就算使用好米，泡水時間太短也無法引出米的美味。洗完米後，讓米泡在水中三十分鐘，直到米粒變白為止。有些電子鍋的使用說明書寫著「無須泡水」，但我認為泡過水的米，煮出來的飯比較好吃。此外，水也跟米一樣重要。由於煮飯的材料只有米和水，就像做菜時講究調味料一樣，使用過濾的淨水或礦泉水煮米，讓米吸收水的美味，更能提升飯的質感。

洗米方法

一般人洗米都習慣「搓」洗，事實上，
如果是新鮮的市售米，應將重點放在「洗」，而且力道要輕。
重點在於不要花太多時間，速戰速決。

❶ 以量杯測量要煮的分量。利用筷子去掉多餘分量，就能確保每一杯都相同。

❷ 基本上一杯（量杯）為一百五十公克。剛開始可用秤測量米量。

❸ 將米放入調理碗（如使用電子鍋，則是電子鍋附帶的內鍋），注入水。第一次不要洗，立刻將水倒掉。

第一次注入的水容易吸附米糠的味道，應立刻倒掉。

不放水，利用米粒之間的摩擦力去除髒污。

❹ 徹底瀝乾水分，如照片手勢輕輕攪動米二十次。

❺ 開水龍頭在調理碗中注水，倒掉變白變濁的水。重複兩、三次。

❻ 水變清澈，可看見米粒即可。泡水三十分鐘到一小時。

過度「搓洗」會洗掉米粒的營養和美味，請務必小心。

煮飯

接下來介紹用電子鍋和土鍋煮飯的方法。
近年來電子鍋的功能日新月異，煮出來的飯十分好吃，
不過，用土鍋煮的飯比較「飽滿有彈性」。

透明的米變白即代表吸飽水分，接著倒入濾網，充分瀝乾水分。

如不立刻煮，請瀝乾水分後冷藏保存。

【用電子鍋煮】

❶ 將米放入電子鍋，依照指示加水。以正常模式煮飯。

❷ 煮好後粗略攪拌。先用飯瓢劃上十字，即可輕鬆攪拌。

❸ 不要用力，輕輕翻動飯粒。

❹ 如要保存，請將飯往中間撥，避免黏在內鍋壁上。

不立刻食用時，請趁熱用保鮮膜包起冷凍保存。

【用土鍋煮】

❶將吸飽水的米倒入土鍋，加入適量的水（兩杯米加四百到四百五十毫升的水；三杯米加六百到六百五十毫升的水）

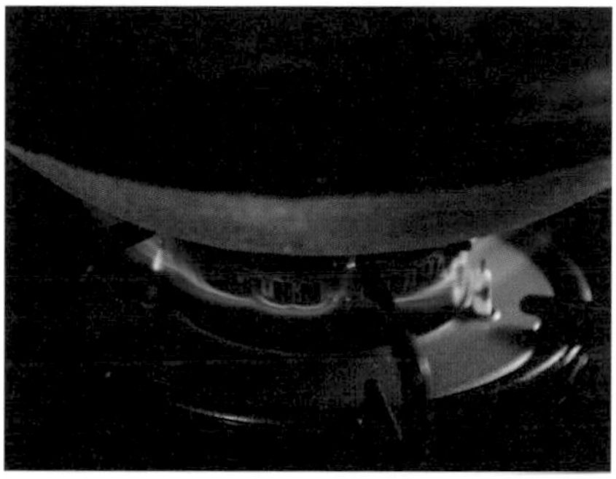

❷蓋上鍋蓋，開中火煮至沸騰。

❸亦可打開鍋蓋，確認是否沸騰。

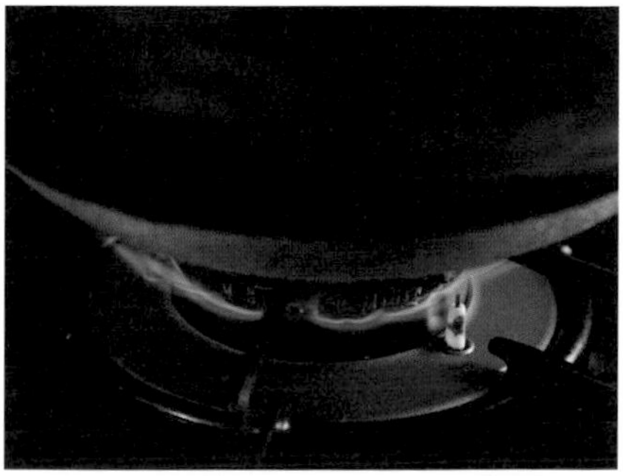

❹沸騰後轉小火，煮十五分鐘。

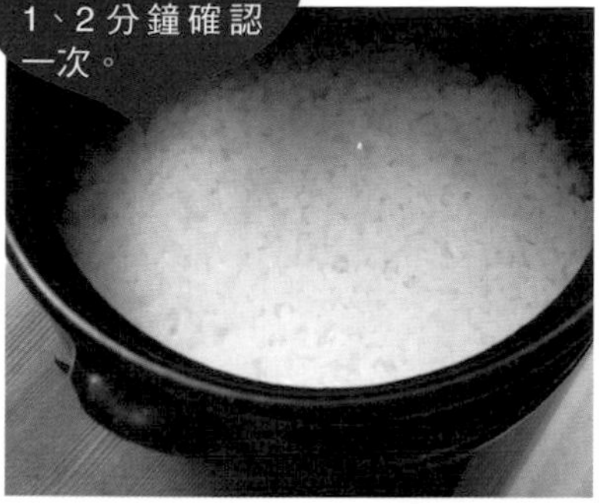

如果還有水，維持小火續煮，每1、2分鐘確認一次。

❺迅速掀起鍋蓋查看鍋邊是否還有水，如無即可關火，蓋上鍋蓋燜十分鐘。

❻燜好後，從鍋底將飯往上翻，以這個方式拌鬆米飯。

❼輕輕將飯盛入碗裡，不要破壞飯粒外形。不要一次盛太多，用飯瓢一點一點盛，盛出蓬鬆的小山形狀。

湯料理

雪平鍋是最適合煮高湯的鍋具，
拿來煮湯更是輕鬆。
不只適合煮味噌湯，
想迅速煮熟湯料，
絕對不能忘記雪平鍋！
煮每天喝的味噌湯時，
建議選擇18cm的專用湯鍋。

湯料理的基本調理法

煮湯最重要的就是「高湯」。可使用事先做好的柴魚等各式高湯，
或利用食材美味，煮出充滿鮮味的好喝湯品。

• 味噌湯的味噌不可煮沸

不可在水滾時溶入味噌一定要轉小火

在沸騰時溶入味噌，會流失味噌的風味。應先煮熟食材並轉小火之後，再將味噌溶入鍋中。

溶入味噌

使用小濾勺即可徹底溶解。

• 不同高湯的用法

使用高湯或以食材熬湯底

使用事先煮好的高湯，任何食材都能煮出美味湯品。不過，若能善用食材熬煮湯底，不用高湯也可煮出口感清爽的美味湯料理。

利用豬肉和菇類熬湯底

P116的鮮菇豬肉味噌湯，就是利用食材鮮味熬煮湯底，完全不用高湯。

享受高湯原味

使用味道清淡的食材時，可以享受高湯原味。

• 用油的湯品要先炒湯料

釋放在油裡的鮮味成為美味湯底

如要利用油煮出味道濃郁的湯品，要先炒過湯料再加高湯。先炒湯料可將食物香氣和風味釋放至油裡，讓湯底更具層次感。

添加油的湯品

先炒香蔬菜就能讓風味釋放至油裡。

以高湯煮食材

不用油的湯品則以高湯煮食材，享受清爽風味。

微辣豆腐泡菜湯

口味調整得比較溫和，將蛋直接打進鍋裡煮，保留未熟的蛋黃，吃的時候拌開蛋黃，更添風味。

材料（2人分）

- 白菜泡菜…150g
- 嫩豆腐…½塊（150g）
- 蛤蜊肉…30g
- 白蔥…½根
- 韭菜…¼把
- 蛋…2顆
- 蒜…½瓣
- 小魚乾高湯…500mℓ

A
- 味噌…2大匙
- 苦椒醬…1大匙
- 味醂…1大匙

- 白芝麻…½小匙
- 芝麻油…1小匙

作法

1. 泡菜切成1cm寬，豆腐切成容易入口的大小。白蔥切成斜薄片，韭菜切成4～5cm寬，蒜切成末。
2. 在鍋中倒入芝麻油與蒜末，開火加熱至冒出滋滋聲，放入一半泡菜與白蔥拌炒。加入高湯，煮沸後放入豆腐與蛤蜊，加A調味。
3. 放入韭菜和剩下的泡菜，打2顆蛋入鍋中，稍微煮過。盛入碗裡，灑上芝麻。

泡菜煮久了容易流失味道，剩下的一半最後再放入。

雪平 Point

小魚乾高湯最適合煮泡菜湯這類濃郁湯品，加上所有食材很快就能煮熟，只要家裡有高湯，短時間內即可完成一道美味料理。

根莖類雜菜湯

添加大量小塊蔬菜的湯品，利用培根與鹽調味，味道十分溫和。

材料（2人分）

- 白蘿蔔…1.5cm（50g）
- 紅蘿蔔…⅓根（50g）
- 蓮藕…50g
- 里芋…50g
- 牛蒡…¼根（25g）
- 培根…25g
- 黃柚…少許
- 高湯…500mℓ
- 鹽…¼小匙
- 橄欖油…1大匙

作法

1. 蔬菜與培根全部切成1cm丁狀。牛蒡、蓮藕、芋頭切好後泡水去澀。

大小相同的食材可同時煮熟，料理看起來也更美味。

2. 在鍋中倒入橄欖油，開中火加熱，放入瀝乾水分的蔬菜與培根稍微拌炒。拌炒均勻後倒入高湯。

3. 煮至沸騰冒泡即撈掉浮泡，轉小火燉煮10～15分鐘。

4. 灑鹽調味，盛入碗裡。灑上切成碎末的黃柚皮。

雪平 Point

以橄欖油稍微炒過食材，讓食材鮮味釋放至油裡。使用柴魚高湯也能煮出西式濃郁湯品。

利用口感清脆的豆芽菜與金針菇調理出辣味湯。

辣味豆芽菜金針菇湯

材料（2人分）

- 豆芽菜…100g
- 金針菇…100g
- 蘿蔔嬰…½包
- 薑…1塊
- 辣椒圓片…少許
- 高湯…500mℓ
- A
  - 鹽…⅔小匙
  - 醬油（薄口更佳）…⅔小匙
- 芝麻油…½大匙

作法

1. 金針菇與蘿蔔嬰切除硬蒂與根部，薑切細絲。
2. 鍋中放入芝麻油與辣椒圓片、薑輕輕拌炒，倒入高湯。
3. 煮沸後放入豆芽菜與金針菇煮熟，加A調味。
4. 吃之前放入蘿蔔嬰迅速燙過。

集結香菇、牛蒡等可熬出湯底鮮味的食材，完成一道口味豐富的湯品。

香菇鮮味湯

材料（2人分）

- 乾香菇…10g
- 牛蒡…⅓根（50g）
- 水芹…⅓把

A
- 醬油（薄口更佳）…1大匙
- 味醂…2小匙
- 鹽…2撮

- 炸麵糊…適量
- 七味唐辛子…少許

作法

1. 乾香菇泡在500mℓ的水裡還原，香菇水以細網過濾備用。
2. 泡好的香菇切成3～4mm寬薄片，水芹切成1cm長。以刀背輕輕削掉牛蒡皮，削成絲後泡水去澀。
3. 將❶的泡香菇水倒入鍋中煮沸，放入香菇與牛蒡煮熟。加A調味，最後灑上水芹迅速煮過。將湯盛入碗裡，灑上炸麵糊和七味唐辛子。

香菇泡水會泡出雜質，一定要過濾。

滑溜水雲搭配蓬鬆蛋花的口感令人上癮，味道清淡的健康湯品。

水雲番茄蛋花湯

材料（2人分）

- 水雲（生）…100g
- 小番茄…6顆
- 蛋…1顆
- 細蔥…1～2根
- 高湯…500㎖

A
醬油…1大匙
鹽…½小匙
胡椒…少許

作法

1. 水雲切成容易入口的長度。小番茄去蒂，直切對半。細蔥切成蔥花。
2. 高湯倒入鍋裡煮沸，放入水雲和小番茄加熱，加A調味。
3. 維持鍋邊的湯持續冒泡的狀態，以繞圈方式從鍋邊淋上打散的蛋液。
4. 將湯盛入碗裡，灑上細蔥。

蘘荷只要稍微煮一下就很好吃，增添蛋花湯的風味。

蘘荷蛋花湯

材料（2人分）

- 蘘荷…2顆
- 蛋…2顆
- 高湯…500mℓ

A
鹽…⅔小匙
醬油（薄口更佳）…2小匙

B
太白粉…1小匙
水…2小匙

- 現磨黑胡椒粒…少許

作法

1. 稍微切掉蘘荷根部，直切成6～8等分。在鍋中煮沸高湯，加A調味。
2. 等❶開始沸騰冒泡，淋上調好的芡汁B，煮至濃稠。
3. 沿著鍋邊淋上打散的蛋液，從底部輕輕攪拌。
4. 放入蘘荷燙20～30秒，起鍋前灑上黑胡椒。

蛋液倒入鍋子後，隔一會兒再開始攪拌。

蛤蜊竹筍清湯

春季生產的竹筍搭配蛤蜊，煮出口味鮮甜的清湯。

材料（2人分）

- 水煮竹筍…100g
- 蛤蜊…200g
- 山椒芽…少許
- 高湯…500mℓ

A
- 鹽…⅓小匙
- 醬油（薄口更佳）…½小匙

雪平 Point

蛤蜊與冷高湯一起煮，慢慢熬出鮮味。

作法

1. 沿著纖維將竹筍切成薄片。蛤蜊吐沙後清洗乾淨，瀝乾水分。

盡量保留柔軟的前端。

2. 在鍋中放入高湯和蛤蜊，開小一點的中火加熱，沸騰後撈掉浮泡，轉小火。

加熱前放入蛤蜊。

3. 加A調味，放入竹筍加熱2～3分鐘。將湯盛入碗裡，灑上山椒芽。

用豆腐煮出最基本的清湯。

豆腐清湯

材料（2人分）

- 板豆腐…½塊
- 香菇…1片
- 鴨兒芹…3～4根
- 黃柚…少許
- 高湯…500㎖

A
醬油（薄口更佳）…⅔小匙
味醂…⅔小匙

作法

1. 豆腐切成大塊。香菇去柄，切成3～4mm寬。鴨兒芹切成2cm寬。黃柚皮削去薄薄一層，切成小丁狀。
2. 鍋中倒入高湯，開中火加熱，水熱後放入豆腐、香菇與A，將香菇煮熟。
3. 湯快要沸騰前將火轉小一點。放入鴨兒芹後盛入碗裡。最後再灑上黃柚丁。

削掉一層薄皮後，以刀子切掉裡面的白色纖維。

放入高麗菜可凸顯所有食材的口感。

豆腐高麗菜海帶芽味噌湯

材料（2人分）

- 嫩豆腐…½塊
- 高麗菜…100g
- 鹽藏海帶芽…20g
- 高湯…500㎖
- 味噌…3大匙
- 一味唐辛子…少許

作法

1. 豆腐切成1～1.5cm塊狀，高麗菜切成2～3cm片狀。鹽藏海帶芽洗去鹽分，切成2～3cm寬。
2. 在鍋中煮沸高湯，加入高麗菜與豆腐，將高麗菜煮熟。放入海帶芽稍微煮過，將火轉小一點，溶入味噌。
3. 將湯盛入碗裡，灑上一味唐辛子。

將鹽藏海帶芽攤開在砧板上，根部也要切成同樣大小。

❷ 在鍋中倒入沙拉油，開大火炒❶的蔬菜。稍微變色後加入高湯。

❸ 沸騰後將火轉小一點，煮熟蔬菜，溶入味噌。起鍋前灑上胡椒。

雪平 Point

為了帶出蔬菜風味，請先以雪平鍋炒蔬菜，讓蔬菜稍微變色。

炒夏季蔬菜味噌湯

使用櫛瓜等適合用油炒的夏季蔬菜，先入鍋輕輕拌炒，最後做成味噌湯。

材料（2人分）

- 櫛瓜…½根
- 秋葵…3～4根
- 玉米…½根
- 高湯…500mℓ
- 味噌…3大匙
- 沙拉油…½小匙
- 現磨黑胡椒粒…少許

從蒂頭與種子之間的萼部下刀。

玉米立在砧板上，沿著軸心四周切下玉米粒。

作法

1. 櫛瓜切掉兩端，再切成1cm寬的半
形。秋葵去蒂，斜切成3等分。沿著
米軸心切下玉米粒。

不使用高湯，放入多種菇類烹煮而成的豬肉味增湯。

鮮菇豬肉味噌湯

材料（2人分）

- 香菇…2朵
- 鴻喜菇…50g
- 舞茸…50g
- 金針菇…100g
- 豬五花肉（薄片）…100g
- 薑…1塊
- 細蔥…1～2根
- 味噌…3大匙
- 芝麻油…½小匙
- 一味唐辛子…適量

作法

1. 菇類去掉底部或柄，切成容易入口的大小。豬肉切成1cm寬，薑切細絲，細蔥切成蔥花。
2. 鍋中倒入芝麻油與薑，開中火加熱，輕輕拌炒豬肉。加入500mℓ的水，煮沸後撈掉浮泡。放入菇類。
3. 菇類煮熟後溶入味噌，起鍋前灑上蔥，依個人喜好添加一味唐辛子。

油菜與油豆腐皮十分對味，為家常味噌湯增添特殊風味。

油菜白蘿蔔油豆腐皮味噌湯

材料（2人分）

- 油菜…$\frac{1}{3}$把（65g）
- 白蘿蔔…100g
- 油豆腐皮…1片
- 高湯…500mℓ
- 味噌…3大匙
- 七味唐辛子…少許

作法

1. 油菜切成4～5cm，白蘿蔔與油豆腐皮切成容易入口的長段。
2. 將高湯與白蘿蔔放入鍋中加熱，煮熟白蘿蔔。放入油菜和油豆腐皮迅速煮過，將火轉小一點，溶入味噌。
3. 將湯盛入碗裡，灑上七味唐辛子。

在沸騰狀態
下溶入味噌
會流失味噌
的風味。

維持較小的中火，熬出蜆與昆布的鮮味。

蜆味噌湯

材料（2人分）

- 蜆…250g
- 昆布…5×5㎝見方1片
- 味噌（紅味噌更佳）…2大匙
- 酒…1大匙
- 山椒粉…少許

將蜆泡在濃度1%左右的鹽水中，放進冰箱冷藏半天，使其吐沙。

作法

1. 蜆吐完沙後清洗乾淨，瀝乾水分。
2. 在鍋中放入500mℓ的水、昆布與蜆，開較小的中火加熱。沸騰後取出昆布，撈掉浮泡轉小火，煮至蜆打開，溶入味噌。
3. 倒入酒，煮滾後盛入碗裡，灑上山椒粉。

味道清淡並凸顯佐料風味的味噌湯麵線。

梅紫蘇味噌湯麵線

材料（2人分）

- 麵線…1把（50g）
- 青紫蘇…5片
- 醃梅乾…1大顆
- 高湯…500mℓ
- 味噌…3大匙

作法

❶ 青紫蘇切絲，迅速過水。醃梅乾去籽，輕輕切碎。

❷ 煮一鍋熱水，依包裝上的說明煮麵線。撈起泡冷水，放涼後徹底瀝乾水分。

❸ 在鍋中倒入高湯煮沸，溶入味噌，放入❷加熱。

❹ 將❸盛入碗裡，放上瀝乾水分的青紫蘇與醃梅乾。

餐具和擺盤祕訣

盛盤後看起來是否美觀，也是影響料理美味的關鍵之一。
由於和食料理大多用料簡單、沒有華麗裝飾，
若能注重餐具和擺盤方法，將能瞬間提升菜色美味。

餐具和擺盤
讓做菜更有趣

我原本就喜歡餐具，加上從事料理研究工作，經常在家拍攝料理照片，因此家中餐具愈來愈多。我喜歡經過染色加工或具有民俗工藝氣息的餐具，最近才剛添購了一個餐具櫃。我相信不是只有我認為將料理盛入自己喜歡的餐具，能讓料理更加美味。

我過去在日本料理店學習當壽司師傅時，學會了一些擺盤觀念，成為我現在擺盤的基礎。一般人無須像餐廳一樣要求完美，只要想著家人燦爛的笑容，選一個自己喜歡的餐具，抱持著「讓料理更美味」的期待盛入菜餚即可。希望料理為家人帶來幸福的心情，才是最重要的。

【 家庭必備的便利餐具 】

五寸缽

每個家庭的成員人數與喜好不同，
基本上，直徑十五公分、底部較深的五寸缽最好用。
適合盛裝兩人份燉菜或涼拌料理，還能盛湯，
是本食譜中經常出現的餐具。

兩人份 蔬菜煮物

這個大小最適合盛裝兩人份燉菜、涼拌或冷泡料理，高度不宜太高。（竹筍甘辛煮P55）

也很適合 盛裝主菜

由於五寸缽有一定的深度，很適合盛裝有湯汁的燉煮料理。可分別盛裝單人份料理（牛蒡辣味雞P42）。

讓用料豐富的湯 看起來更美味

五寸缽也是很好的湯碗，適合搭配湯匙飲食。這道是用料豐富的炒夏季蔬菜味噌湯（P114）。

亦可當 分裝碗使用

在這類寬口餐具裡盛湯，灑上佐料就是一道豐盛料理（香菇鮮味湯P107）。

不同餐具的擺盤方式

同一道料理使用的餐具不同，擺盤方式就不同。
基本上涼拌料理要堆得像山一樣高，
掌握各式餐具的擺盤重點，輕鬆運用在各種料理上。

【底部較深的餐具】

想像先在旁邊堆好一座山，再放進深碗裡的感覺。

NG

在餐具裡堆一座山不僅無法發揮筷子功能，還會弄髒餐具內緣，影響擺盤美觀。

選擇底部較深的餐具盛裝料理時，應配合餐具大小，先在鐵盤或盤子裡堆好小山。

想像從正上方將小山放進深碗的感覺，放好後稍微調整山頂模樣即可。

【寬口餐具】

在餐具裡慢慢往上堆疊。

選擇寬口餐具時，先在內部鋪好底座。

接著想像在底座慢慢往上堆高的感覺來盛裝料理。

擺盤重點

擺盤時要注意料理與餐具的契合度與平衡感，
接下來為各位介紹幾個和食擺盤基本技巧，
無須追求完美，只要掌握訣竅即可提升擺盤樂趣。

分量不要放太多 留下適度空間

底部較深的餐具最實用。

通常料理只占餐具面積的七成，留下適度空間才能凸顯出菜色。僅管如此，一般家庭不可能每餐使用大盤子或大碗，因此只要不過量即可。

究竟要將食材分別擺放 還是混在一起？

配合餐具大小與形狀改變。

食材切得較大的燉煮料理，分別擺放能讓料理看起來美觀；若是食材均勻混合的涼拌菜，就要往上堆出一座小山。

基本上佐料 要放在右前方

以小盤子上菜時一定要記住這個原則。

由於大多數人慣用右手，魚料理的佐料、蘿蔔泥、芥末醬、山葵醬等，要放在搭配料理的右前方。

湯品的佐料 要灑上去或放在上面？

佐料是增添色彩、平衡味覺的重點。

無論清湯或濃湯，都會使用佐料增添色彩。通常味噌湯會灑蔥，體積較小的佐料可直接灑在湯裡，分量較大的佐料則往上堆出高度，依照食材特性增添變化。

鍋類料理

雪平鍋的尺寸最適合煮一到兩人份的鍋類料理，不需要大土鍋，也用不到卡式瓦斯爐。事先煮好飯，吃完火鍋後將飯丟入鍋中，稍微熱一下就能完成美味的雜燴粥。

鍋類料理的基本調理法

煮火鍋與燙青菜不同，水量會直接影響料理美味，
精準測量高湯用量或水量才是成功祕訣。

・嚴格控制水量

水量會直接影響料理味道

水分與調味料的比例是美味關鍵，烹煮不使用酸桔醋、完全品嚐湯汁原味的料理時，一定要嚴格控制水量。

泡菜鍋
不只注意水量，也要避免煮過頭。

石狩鍋
烹煮味噌口味的火鍋時，水量太多會沖淡味道。

・根莖類蔬菜要先煮熟備用

避免造成食材熟度不一

火鍋的樂趣就是一次享受多種食材，不過每種食材的煮熟時間各異，不容易煮熟的根莖類蔬菜一定要先煮好備用。

事先煮熟
關東煮的白蘿蔔、石狩鍋的馬鈴薯都要先煮好備用。

・煮雜燴粥的飯要先去除黏液

煮出粒粒分明的雜燴粥

煮雜燴粥使用的飯一定要放入濾網裡，洗掉表面的黏液。如此一來即可煮出口感與一般的粥不同、粒粒分明的雜燴粥。

用水清洗
放入鍋中加熱後絕對不可煮太久。

關東煮

熬出柴魚高湯＋小雞腿的鮮味，
完成一道層次豐富的關東煮。

材料（2人分）

- 白蘿蔔…10cm（300g）
- 小雞腿…5隻
- 蒟蒻…½片
- 油豆腐…1片
- 竹輪…2根
- 甜不辣…2片
- 水煮蛋…2顆

A
- 高湯…750mℓ
- 醬油…3大匙
- 味醂…3大匙
- 砂糖…½大匙

- 芥末醬…適量

作法

❶ 將白蘿蔔皮削去厚厚一層，再切成2cm厚的半月形。在鍋中倒入淹過白蘿蔔的水量，開火加熱。煮至竹籤可輕鬆穿過即可。取出白蘿蔔，將熱水淋在小雞腿上，使其表面出現霜降模樣，撈起瀝乾。

淋上熱水，
以筷子輕輕
攪動。

❷ 蒟蒻切成三角形，灑上1小匙鹽（額外分量）靜置5分鐘，迅速汆燙，瀝乾水分。油豆腐切成三角形，竹輪與甜不辣切成2～3等分。水煮蛋剝殼。

❸ 在鍋中倒入**A**拌勻煮沸，放入❶與❷的食材。沸騰後轉小火煮30～40分鐘。

❹ 關火靜置半天使其入味。吃之前再熱一下，盛入盤裡，佐上芥末醬。

雪平 Point

這次的作法是將所有調味料加進去，做好湯汁後再煮食材，因此若能事先煮好白蘿蔔與蒟蒻，接下來只要用雪平鍋煮即可。靜置半天使食材入味，更能增添美味。

豬肉泡菜鍋

泡菜與小魚乾高湯熬煮出味道強烈的濃郁湯品。

材料（2人分）

- 白菜泡菜…200g
- 豬五花肉…200g
- 白蔥…1根
- 香菇…2朵
- 金針菇…50g
- 鴻喜菇…50g
- 紅蘿蔔…⅓根
- 豆芽菜…½包
- 韭菜…½把
- 蒜…½瓣
- 薑…2塊
- 小魚乾高湯…700mℓ

A
- 味噌…2大匙
- 苦椒醬…2大匙
- 醬油…1大匙
- 味醂…1大匙

- 芝麻油…1大匙

雪平 Point

可加入烏龍麵或年糕，最後做成雜燴粥也很好吃。連同雪平鍋一起上桌，在餐桌上分食享用。

材料

1 菜與豬肉切成2cm寬。白蔥斜切成1cm寬。香菇去柄，直切成4等分。金針菇與鴻喜菇切掉底部，用手剝開。紅蘿蔔斜切成薄片，韭菜切成4～5cm寬。蒜與薑切成末。

2 在鍋裡放入蒜、薑與芝麻油，開火加熱，開始冒出滋滋聲後，放入一半的泡菜與豬肉拌炒。

先在調理碗混合調味料，一次加入鍋中可節省時間。

3 豬肉開始變色後倒入高湯，放入白蔥、香菇、金針菇、鴻喜菇與紅蘿蔔。

4 沸騰後稍微撈掉浮泡，加**A**調味。最後放入豆芽菜、韭菜和剩下的泡菜迅速煮過。

泡菜煮久了容易流失味道，剩下的一半最後再放入。

利用鮭魚子和玉米增添色彩，
完成美味的味噌風味鍋。

石狩鍋

材料（2人分）
- 生鮭魚…3片
- 大白菜…200g
- 白蔥…1根
- 香菇…2朵
- 牛蒡…⅓根（50g）
- 馬鈴薯…1顆（150g）
- 板豆腐…½塊
- 日本茼蒿…½把
- 奶油…20g

A
高湯…700mℓ
味噌…6大匙
味醂…3大匙
酒…3大匙
砂糖…1大匙

B
玉米粒（罐頭）…適量
醬油醃漬的鮭魚子…適量

材料

❶ 鮭魚放入調理碗，淋上熱水，以筷子攪動，倒掉舊水換新水，使其表面出現霜降模樣。瀝乾水分，切成3～4等分。

以手指洗掉黏液和沾附在皮上的魚鱗。

❷ 大白菜切成2cm寬，白蔥切成1cm寬的斜片。香菇去柄，直切成4等分。牛蒡削絲，泡水去澀。馬鈴薯削皮，切成一口大小。豆腐切成容易入口的大小。日本茼蒿切掉根部較硬的部分，對切成一半長度。馬鈴薯放入熱水煮2～3分鐘，撈起瀝乾。

❸ 在鍋中倒入**A**開火加熱，充分溶化味噌。煮至稍微冒泡的程度，放入❶與❷煮熟。最後放上奶油，融化後灑上**B**享用。

雪平 Point

所有食材中，馬鈴薯需要較多時間煮熟，因此一定要先煮過。此外，將B當成佐料般搭配食用，亦可創造更多享受美食的樂趣。

口感蓬鬆的魚丸只要稍微煮過就很好吃。

沙丁魚丸子鍋

材料（2人分）

- 沙丁魚…4隻
- 白蘿蔔…300g
- 白蔥…2根
- 蕪菁…½把
- 葛粉條…50g

A

蛋白…½顆份
薑汁…1小匙
味噌…1小匙
太白粉…1小匙
鹽…¼小匙

B

小魚乾高湯…700mℓ
酒…50mℓ
醬油…½大匙
鹽…1小匙

作法

1. 參考P64內容用手剝開沙丁魚，並將魚皮和魚肉分開，以刀子粗略切碎。將沙丁魚放入調理碗，加入**A**的鹽拌匀，加入剩下的**A**再次拌匀。

2. 葛粉條泡熱水還原，切成容易入口的長度。白蘿蔔切成較厚的長段。白蔥直切成4等分，再切成4～5cm長。蕪菁切成4～5cm。

3. 在鍋中放入**B**與白蘿蔔煮沸，放入葛粉條煮10分鐘。白蘿蔔煮軟後將火開大一點，放入白蔥。接著用湯匙舀起1放入鍋中，再放上蕪菁，煮4～5分鐘，將食材煮熟。

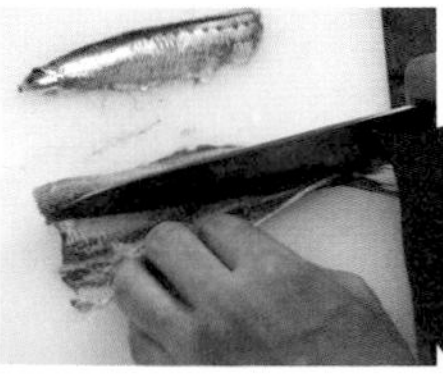

刀子沿著魚背往裡切，剝掉半身魚肉。

這是一道色彩繽紛的雜燴粥，起鍋前放入明太子，迅速煮過。

辣味明太子蛋花粥

材料（2人分）

- 飯…2碗份（300g）
- 辣味明太子…40g
- 蛋…1顆
- 細蔥…2～3根
- 烤海苔…少許
- 高湯…500㎖
- 醬油（薄口更佳）…4小匙

作法

1. 飯倒入濾網裡，放在水龍頭下洗掉表面黏液，瀝乾水分。辣味明太子連同薄皮切成1cm寬。細蔥切成蔥花。
2. 高湯倒入鍋中煮沸，放入飯加熱，淋上醬油。等鍋邊稍微冒泡後，以繞圈方式從外往內淋上蛋液。
3. 隔一會兒加入辣味明太子和細蔥，從鍋底輕輕翻動食材。最後灑上撕成小塊的烤海苔。

牡蠣鮮味與鴨兒芹香氣融和在一起，
煮成美味十足的雜燴粥。

牡蠣鹹粥

材料（2人分）

- 飯…2碗份（300g）
- 牡蠣（加熱用）…150g
- 鴨兒芹…⅓把
- 高湯…450mℓ
- 酒…50mℓ
- 醬油（薄口更佳）…4小匙
- 薑汁…1小匙
- 胡椒…少許

雪平 Point

只要將牡蠣煮熟即可，短時間就能完成這道料理。薑與胡椒的風味最適合煮牡蠣鹹粥，千萬不要忘記！

作法

1. 飯倒入濾網裡，放在水龍頭下洗掉表面黏液，瀝乾水分。
2. 牡蠣放在淡鹽水裡輕輕洗淨，放在廚房紙巾上充分晾乾。鴨兒芹切成1cm長。
3. 在鍋中倒入高湯與酒煮沸，放入飯與牡蠣。牡蠣煮熟後，淋上醬油調味。
4. 最後添加薑汁與鴨兒芹輕輕拌勻，盛入碗裡後灑上胡椒。

牡蠣肉很容易散開，洗的力道一定要輕。

先將薑磨成泥，再用力擠出薑汁。

橄欖油與胡椒風味令人難忘，和風高湯更添溫潤口感。

清爽番茄培根粥

材料（2人分）

- 飯…2碗份（300g）
- 番茄…1顆（150g）
- 培根…40g
- 洋蔥…¼顆
- 金針菇…50g
- 蒜…½瓣
- 青紫蘇…1片
- 高湯…500mℓ

A

醬油（薄口更佳）…2小匙
鹽…2撮
胡椒…少許

- 橄欖油…1大匙

作法

1. 飯倒入濾網裡，放在水龍頭下洗掉表面黏液，瀝乾水分。番茄去蒂，切成一口大小。培根切成1.5cm寬，洋蔥切薄片，金針菇切掉底部。蒜切成末。

2. 在鍋中倒入橄欖油與蒜末，開小火加熱。蒜末開始冒出滋滋聲後，放入洋蔥與培根拌炒。

3. 將火開大一點，倒入高湯煮沸。放入番茄和金針菇，撈掉浮泡。倒入飯加熱，加**A**調味。盛入碗裡，灑上撕成小片的青紫蘇。

煮的時間要短，避免煮出飯的黏性。

滑菇鹹粥

材料（2人分）
- 飯…2碗份（300g）
- 滑菇…100g
- 高湯…500mℓ
- 醬油（薄口更佳）…4小匙
- 薑汁…½小匙

作法

1. 飯倒入濾網裡，放在水龍頭下洗掉表面黏液，瀝乾水分。滑菇迅速洗過，瀝乾水分。
2. 在鍋中煮沸高湯，放入滑菇與飯稍微煮熟，淋上醬油調味。
3. 最後擠上薑汁，輕輕拌勻。

本書使用的基礎調味料

【醬油（薄口）】

家中隨時準備一瓶
烹煮出正統料理

京都等關西地區的民眾經常使用薄口醬油，不想加深料理顏色卻想做出醬油味道時，這是最適合的產品。同樣準備日常料理用與特殊料理用兩種產品。

【醬油（濃口）】

分成日常料理用與
特殊料理用

醬油是每天都會用到的調味料，不妨準備兩瓶，一瓶是日常料理使用，另一瓶則是品質好一點，用來煮特殊料理的醬油。由於醬油會影響料理的味道與顏色，建議選擇無添加產品。

【砂糖】

選擇隨處買得到
且沒有特殊味道的產品

黑糖與蔗糖各有不同味道，從做菜的角度而言，建議使用沒有特殊味道，到處買得到的上白糖。亦可使用家裡現有的砂糖。

【鹽】

以天然鹽為主
有焙鹽更好

基本上使用天然鹽，汆燙蔬菜或少量使用時，選擇一般產品即可。在食材上灑鹽或抹鹽醃漬時，選擇質地乾爽的焙鹽較好用。

【味醂】

使用傳統的
本味醂

味醂也要準備兩瓶分開使用。左邊是來自愛知縣的三河味醂。發酵調味料會影響料理的完成度，選購時請勿購買「味醂風味調味料」，一定要買「本味醂」。

【橄欖酒油】

選擇不放鹽的
料理酒

一般料理酒會放鹽以降低酒稅，取得更便宜的售價。不過酒裡的鹽分會影響料理味道，請選擇不放鹽的料理酒。

【芝麻醋油】

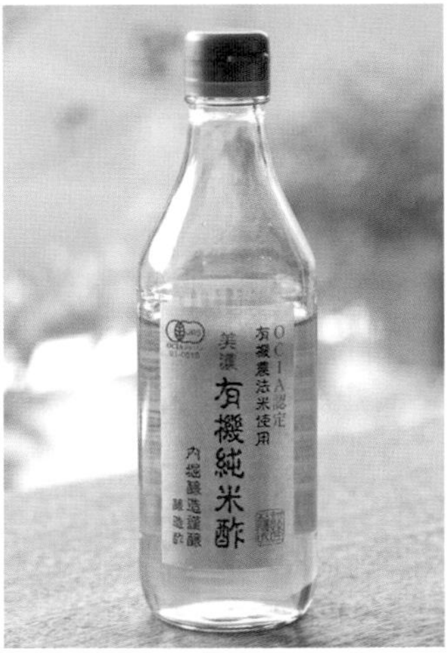

建議使用
純米釀造的純米醋

一般米醋會添加酒精，純米醋的原料只有米，因此味道比米醋溫和。烹煮不加熱醋的料理時，建議使用純米醋。

【味噌】

米味噌和
少許豆味噌（紅味噌湯）

本食譜出現的味噌大多是米味噌，我家隨時都有自己做的味噌。不過，「蜆味噌湯」（P118）使用紅味噌較好喝，因此湯底做成紅味噌湯。

【橄欖油】

只要一瓶油就能讓
料理帶有西洋風味

即使是日式料理，只要用了橄欖油即可增添西洋風味。如照片般的特級初榨橄欖油最適合不加熱，直接當醬汁使用的料理。

【芝麻油】

最適合用來增添
香氣與風味的油

芝麻油不只具有強烈香氣，味道也很濃郁。通常會在料理的最後一步淋上芝麻油，增添香氣與風味。平常也要準備兩瓶芝麻油，一瓶日常使用，一瓶拿來做好一點的料理。

【沙拉油】

雪平鍋料理的特色就是
很少使用沙拉油

本食譜很少使用沙拉油，極少部分料理需要先炒食材，再加高湯或調味料燉煮。烹煮時用量不要太多，並選擇品質優良的產品。

甜點

接下來為各位介紹幾道健康美味的日式甜點。包括燉煮紅豆做成的年糕紅豆湯，以及在鍋中攪動、拌勻製成的和式點心。完全不用奶油和其他油品，享受別於烘焙點心的風味。

甜點的基本調理法

日式甜點的用料都很簡單，因此材料的些微差異
會直接影響味道與口感，請務必巧妙使用。

• 依用途使用不同砂糖

根據風味
選用適合的糖

上白糖的甜味十分濃郁，細白砂糖適合製作果凍這類只需甜味的甜點。

糖的差異

右邊為上白糖，左邊為細白砂糖。

• 凝固材料的差異改變甜點口感

享受柔軟滑順、
Q彈有嚼勁的不同口感

吉利丁、寒天、葛粉等不同的凝固材料，會影響果凍這類需要冷藏凝固的甜點口感，請務必掌握這些材料的特色，巧妙運用。

凝固材料

左上是口感Q彈的「葛粉」、右上是口感柔軟的「吉利丁」、前方則是口感順滑的「寒天」。

• 祕訣在於充分拌勻

攪動、拌勻等步驟是
影響口感的關鍵

製作蕨餅、芝麻豆腐時，必須在鍋中徹底攪動材料，才能產生特殊口感。製作果凍時，則要在鍋中溶化吉利丁並充分拌勻。

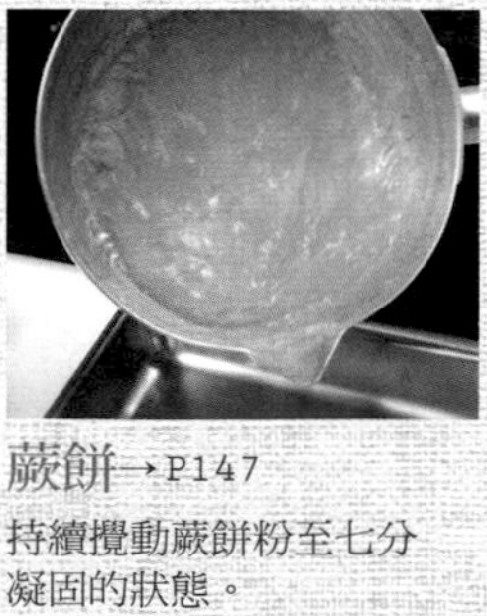

蕨餅→P147

持續攪動蕨餅粉至七分凝固的狀態。

牛奶果凍→P151

同時使用吉利丁與葛粉凝固成果凍。

年糕紅豆湯

倒掉煮紅豆的湯，
就能做出口味清爽的年糕紅豆湯。

材料（2人分）

・紅豆…150g

A
砂糖…125g
水…150㎖
鹽…少許

・塊狀年糕…適量

雪平 Point

有鍋嘴設計的雪平鍋最適合煮需要重複去澀（倒掉煮過的水）的料理，煮紅豆就是最好的例子。

作法

1. 迅速清洗紅豆，在鍋中倒入大量的水，開火加熱。
2. 水滾後立刻倒掉，再次加水煮沸。重複此步驟2次。

這個步驟稱為「去澀」。

3. 再次加水，將紅豆煮至用手指輕壓就碎的程度。

大約煮 40 ～ 50 分鐘。中途可依狀況適時加水。

4. 以濾網撈起，倒掉煮過的水，將紅豆放回鍋中。加A煮沸，將火關小一點煮5～6分鐘。將紅豆盛入碗裡，塊狀年糕先用烤箱烤脹，放在紅豆湯上。

用細白砂糖製作冰冰涼涼的水羊羹，可以做出清爽純粹的甜味。

水羊羹

材料（2人分）

- 紅豆…100g
- 寒天棒…½根（4g）
- 砂糖（細白砂糖更佳）…180g
- 鹽…1撮

作法

1. 寒天棒泡水1小時還原。
2. 參考「年糕紅豆湯」（P142）的步驟❶～❸煮紅豆，煮好後撈起，倒掉煮過的水。
3. 將❷的一半與2大匙水倒入食物攪拌機打勻，取出後，用網篩壓成泥狀。
4. 在鍋中倒入450mℓ的水，將擠乾水分的寒天撕成小片放入，開火加熱直到寒天完全溶解。
5. 在❹中加砂糖、鹽、❸、剩下的紅豆，煮2～3分鐘，使砂糖全部溶解。
6. 連同鍋子將❺放入冰水中，以木鏟慢慢攪拌降溫。感覺木鏟愈來愈難攪動之後，將食材倒入碗裡，放入冰箱冷藏凝固。

先用雪平鍋煮毛豆與湯圓，事先去除毛豆的薄皮可提升甜點口感。

湯圓佐毛豆泥

材料（2人分）

- 毛豆…200g（去除豆莢約100g）
- 糯米粉…50g

A
砂糖…2大匙
鹽…1撮

B
水…45～50㎖
砂糖…½小匙

作法

1. 煮一鍋熱水，放入毛豆煮15分鐘，煮軟後撈起瀝乾。
2. 待❶放涼到手可以摸的溫度，從豆莢中取出豆子，剝除薄皮。將毛豆放入研磨缽，加入A，趁熱以研磨棒搗成泥狀，另保留些許顆粒狀。
3. 在調理碗中放入糯米粉，加B拌勻，捏成一口大小的湯圓，中間稍微往內壓。
4. 煮一鍋熱水，放入❸，湯圓浮起後再煮1分鐘，撈起泡冷水。放涼後與❷拌勻。

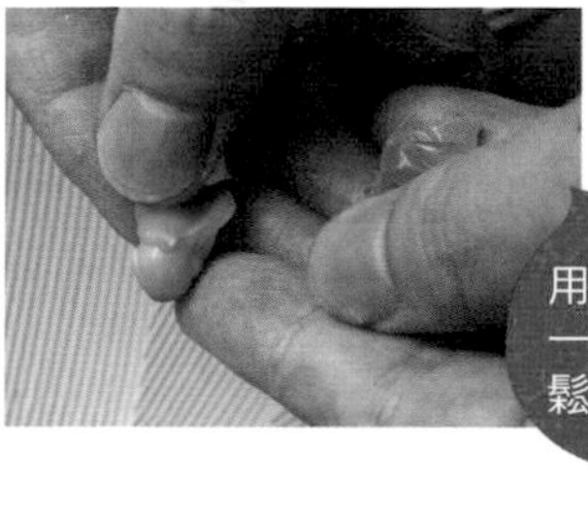

用手指輕輕一捏即可輕鬆剝除。

蕨餅

蕨餅看似很難做，其實材料很少，而且只要一個雪平鍋即可完成。

材料（2人分）

- 蕨餅粉（或本蕨餅粉）…40g
- 砂糖（細白砂糖更佳）…60g
- 黃豆粉…2 ½大匙

雪平 Point

由於雪平鍋的鍋底邊角帶有平緩弧度，在鍋中直接攪拌可以拌得很均勻，而且不容易煮焦。

作法

1. 在調理碗中放入蕨餅粉與砂糖，倒入200mℓ的水。以打蛋器充分拌勻，用濾網過濾至鍋中。

使用網目較細的濾網，可濾出均勻不結塊的麵糊。

2. 開中火加熱，以木鏟攪拌鍋底，液體開始凝固後轉小火。等麵糊出現黏性與透明感，持續攪拌7～8分鐘，中途絕對不可停下來。

持續攪拌才能做出獨特口感。

3. 先灑水沾濕鐵盤，將❷倒入鐵盤裡，密實地封上一層保鮮膜放涼。吃之前的30分鐘放入冰箱冷藏。

4. 取另一個鐵盤，灑上一半分量的黃豆粉，吃之前取出蕨餅，放在黃豆粉上，將剩下的黃豆粉灑在上面。用刀子或刮板以按壓的方式切開蕨餅，切口處也要灑上黃豆粉。

照片中的刮板十分好用。

葛粉可提升口感，想吃正統風味時一定要試試！

黑糖蜜芝麻豆腐

材料（2人分）
- 白芝麻醬⋯30g
- 本葛粉⋯30g
- 黑糖蜜（市售品）⋯適量
- 白芝麻⋯少許

作法

1. 在調理碗中倒入葛粉和200mℓ的水，以打蛋器拌勻，用濾網過濾至鍋中。加入白芝麻醬充分混合。
2. 開中火加熱，以木鏟攪拌鍋底。液體開始凝固後轉小火。等麵糊出現黏性，持續攪拌7～8分鐘，中途絕對不可停下來。
3. 先灑水沾濕鐵盤，將❷倒入鐵盤裡，密實地封上一層保鮮膜放涼。吃之前的30分鐘放入冰箱冷藏。
4. 以湯匙舀取盛入碗裡，淋上黑糖蜜，灑上芝麻。

可預防表面乾燥。

只要番薯與砂糖就能輕鬆完成的甜點，適合小朋友食用。

甘薯茶巾

材料（2人分）

- 番薯…1顆（200g）
- 砂糖…1½大匙

作法

1. 切掉番薯兩端，皮削去厚厚一層，切成1～1.5cm寬，泡水去澀。
2. 在鍋中放入❶並倒入淹過番薯的水量，開火加熱，煮至竹籤可輕鬆刺穿的程度，以濾網撈起，倒掉煮過的水。
3. 將❷放入鍋中，用中火煮讓水分蒸發。
4. 拿起鍋子離火，以木鏟搗碎番薯，加入砂糖，將番薯壓成帶有顆粒感的番薯泥。
5. 將番薯泥捏成容易入口的大小，以濕毛巾（或茶巾）包起，像小籠包的樣子。

充滿橘子風味的果凍，吃起來入口即化。

橘子果凍

材料（2人分）

- 橘子…4顆
- 砂糖（細白砂糖更佳）…30g

A
- 吉利丁粉…4g
- 水…1大匙

作法

1. 拌勻A，使吉利丁粉吸水膨脹。剝掉所有橘子的皮，其中一顆去除白色纖維與薄皮，分成兩份放入模型裡。剩下的橘子果肉橫切成兩半，放入濾網中，以按壓的方式榨出果汁。將果汁倒進量杯，如不滿150ml，加水補足。
2. 在鍋中倒入100mℓ的果汁加熱，稍微冒出水蒸氣後，倒入砂糖。
3. 砂糖完全溶解即關火，倒入A，使其充分溶化。
4. 將剩下的果汁倒入❸，連同鍋子放入冰水，慢慢攪拌降溫。倒進之前放入果肉的模型，冷藏2小時，待其凝固。

以保鮮膜包住手或湯匙，充分擠壓。

雖然取名為鮮奶凍，但吃起來就像義式奶酪一樣濃郁，大受歡迎。

鮮奶凍

材料（2人分）
- 牛奶…300mℓ
- 砂糖（細白砂糖更佳）…25g
- 本葛粉…½大匙

A
- 吉利丁粉…4.5g
- 水…1大匙

讓質地更順滑，口感更濃郁。

作法

1. 從材料裡的牛奶取1大匙，倒入葛粉中拌勻。拌勻A，使吉利丁粉吸水膨脹。
2. 在鍋中倒入200ml的牛奶與葛粉溶液，以木鏟攪動鍋底，邊加熱邊拌勻。開始出現黏性後加入砂糖，使其充分溶解。
3. 砂糖溶解後關火，倒入A拌至溶化。
4. 在❸中加入剩下的牛奶，倒進模型裡。放涼後放入冰箱冷藏凝固，靜置2小時。

本書使用的

【木鏟】

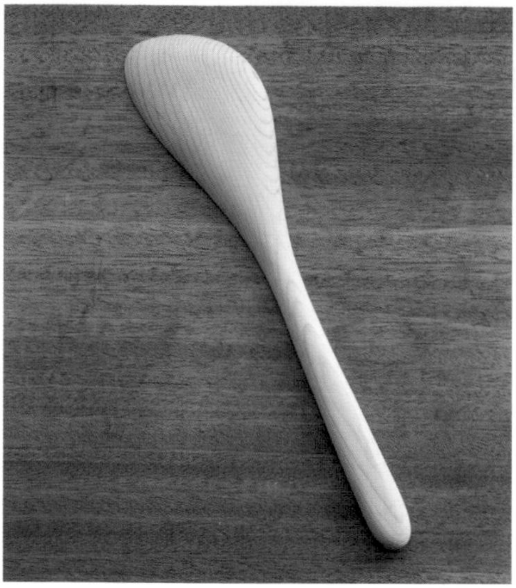

平緩的弧度很適合雪平鍋

照片中的木鏟是岐阜縣woodpecker的產品。鏟子部分形成平緩弧度，與雪平鍋的鍋底十分契合，可充分混合或攪動鍋中食材。

【落蓋】

準備幾個大小不同的落蓋

落蓋是用雪平鍋調理時不可或缺的幫手，配合雪平鍋尺寸（比鍋沿小一圈）準備落蓋。市面上也有矽膠製落蓋，但我習慣使用木製落蓋。

【刀子與砧板】

材料切法影響料理的完成度

食材切法不一致，味道就會繁雜，因此刀具相當重要。刀具主要分成西式菜刀、水果刀與日式出刃刀。在砧板下鋪一層止滑墊，更能輕鬆處理食材。

【筷子】

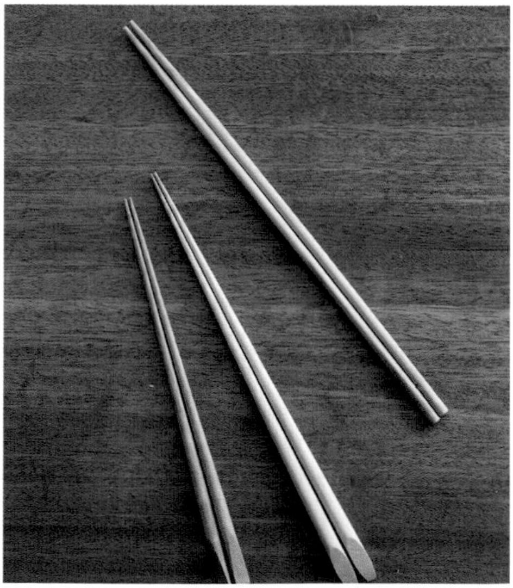

料理筷與擺盤筷十分好用

料理筷是烹煮時用來攪拌鍋中食材的工具；擺盤筷的前端很細，適合擺盤等精細作業，做便當時使用相當方便。

濾茶勺

過濾或篩粉都很好用

雖是泡茶工具，但很適合用來過濾少量食材或篩粉。平時習慣用濾茶勺泡茶的讀者，不妨另外準備一個料理用。

調理碗與濾網

準備幾個小尺寸產品更方便

調理碗與濾網通常疊在一起使用，準備幾個尺寸相同的工具更能事半功倍。還要準備小尺寸產品，混合調味料或燙少量蔬菜時就能派上用場。

研磨缽

用量不多也能調整研磨程度

研磨大量食材時，食物處理機是最好的選擇。若遇到用量較少的芝麻等食材，研磨缽就能派上用場，而且手磨可調整食材的研磨程度。研磨缽與研磨棒是絕對不會讓你後悔的廚房小幫手。

鐵盤

不鏽鋼不易沾附食物味道

可用來放切好的食材，或放涼煮好的食物。我習慣使用不鏽鋼製鐵盤。冷藏料理時，不鏽鋼的降溫速度比塑膠快，也不容易沾附食物味道。

食材別索引

蔬菜

其他

結語

十七年前我開始一個人生活，當時第一個買的鍋子就是雪平鍋。現在回頭想想，那是我從小看到大的鍋子，我奶奶、我媽媽都用雪平鍋。我最喜歡吃和食，雪平鍋對我而言，是「一定要有的鍋子」，一點都不需要懷疑。

我現在擁有自己的家庭，每次做菜，最常使用的鍋子還是雪平鍋。我家常吃和食，每天都用雪平鍋熬高湯、燙煮蔬菜，此時難免會想「要是有〇〇尺寸的鍋子就好了」、「好想買專業師傅親手打造的雪平鍋」，不知不覺間，家裡竟然有將近十個大小不同的雪平鍋（其實不需要這麼多鍋子，不過我認為配合料理使用不同尺寸的鍋子，能讓料理更美味）！

衷心希望購買本食譜的讀者，都能學會雪平鍋的使用方法，烹煮出更多美味和食。

TOMITA TADASUKE NO YUKIHIRANABE HITOTSU DE RAKUUMA
WASHOKU
Copyright © 2014 by Tadasuke Tomita
Photographs by Takahiro Takami
Originally published in Japan in 2014 by PHP Institute, Inc.
Traditional Chinese translation rights arranged with PHP Institute, Inc.
Through CREEK&RIVER CO., LTD.
日文版製作協力　アイズ・エンターテイメント株式会社
日 文 版 編 輯　山本章子
日文版編輯協力　梶野佐智子、冨永みゆき
日 文 版 設 計　出渕諭史、森川みちる、山仲ありす（cycledesign）

生活風格 FJ1044

雪平鍋無油料理：
從煮物到甜點，一鍋搞定77道日本道地美食

作　　者	冨田唯介（TOMITA TADASUKE）
譯　　者	游韻馨
協 力 編 輯	張雅惠
行 銷 企 劃	陳彩玉、陳玫潾、蔡宛玲
編 輯 總 監	劉麗真
總 經 理	陳逸瑛
發 行 人	涂玉雲
出　　版	臉譜出版
	城邦文化事業股份有限公司
	台北市民生東路二段141號5樓
	電話：886-2-25007696　傳真：886-2-25001952
發　　　行	英屬蓋曼群島商家庭傳媒股份有限公司城邦分公司
	台北市中山區民生東路141號11樓
	客服專線：02-25007718；25007719
	24小時傳真專線：02-25001990；25001991
	服務時間：週一至週五上午09:30-12:00；下午13:30-17:00
	劃撥帳號：19863813　戶名：書虫股份有限公司
	讀者服務信箱：service@readingclub.com.tw
	城邦網址：http://www.cite.com.tw
香港發行所	城邦（香港）出版集團有限公司
	香港灣仔駱克道193號東超商業中心1樓
	電話：852-25086231或25086217　傳真：852-25789337
	電子信箱：hkcite@biznetvigator.com
新馬發行所	城邦（新、馬）出版集團
	Cite（M）Sdn. Bhd.（458372U）
	41, Jalan Radin Anum, Bandar Baru Sri Petaling,
	57000 Kuala Lumpur, Malaysia.
	電話：603-90578822　傳真：603-90576622
	電子信箱：services@cite.com.my

一版一刷　2015年7月

城邦讀書花園
www.cite.com.tw

國家圖書館出版品預行編目資料

雪平鍋無油料理：從煮物到甜點，一鍋搞定77
道日本道地美食／冨田唯介(TOMITA TADASUKE)
著；游韻馨譯-- 一版. -- 臺北市：臉譜，城邦
文化出版；家庭傳媒城邦分公司發行，2015.07
面；　公分.--（生活風格；FJ1044）
ISBN 978-986-235-451-3（平裝）
1.食譜　2.日本
427.131　　　　　　　　　　　104010181

ISBN　978-986-235-451-3
售價：NT$ 299